互动媒体制作

——Adobe Flash ActionScript 3.0/Dreamweaver CS5

Hudong Meiti Zhizuo

——Adobe Flash ActionScript 3.0/Dreamweaver CS5

周 宇 鲍鹏杰 主 编

高等教育出版社·北京

HIGHER EDUCATION PRESS   BEIJING

内容提要

本书是数字媒体技术应用专业系列教材,是教育部职业教育与成人教育司校企合作项目——"数字媒体技能教学示范项目试点"指定教材。

本书针对职业学校学生的特点,从交互式设计和实战应用的角度出发,通过具体的案例由浅入深地讲解了 Adobe Flash ActionScript 3.0 和 Dreamweaver CS5 软件操作及主要功能应用,将互动媒体的各种设计技巧进行有效结合,使学习者对互动媒体设计有一个全面的认识。

全书共分 10 章,包括脚本语言基础、程序基础、面向对象的设计、类库的使用、显示对象、交互式设计、互动式课件制作、商业案例实训、Dreamweaver 与网站设计基础、Dreamweaver 与网站制作。

本书配套光盘提供书中所用案例的素材和源文件。本书还配套学习卡网络教学资源,使用本书封底所赠的学习卡,登录 http://sve.hep.com.cn,可获得更多资源。

本书侧重代码编写的学习,突出实战能力的提高。本书适合作为职业院校计算机应用、数字媒体技术应用、计算机动漫与游戏制作等专业教材,也可作为游戏编程爱好者的参考用书。

图书在版编目(CIP)数据

互动媒体制作——Adobe Flash ActionScript 3.0/
Dreamweaver CS5/周宇,鲍鹏杰主编.—北京:高等教育
出版社,2011.8
ISBN 978-7-04-032650-5

Ⅰ.①互··· Ⅱ.①周··· ②鲍··· Ⅲ.①多媒体技术-中等
专业学校-教材 Ⅳ.①TP37

中国版本图书馆CIP数据核字(2011)第146518号

策划编辑	赵美琪	责任编辑	陈 莉	封面设计	张申申	版式设计	范晓红
责任校对	陈旭颖	责任印制	张泽业				

出版发行	高等教育出版社	咨询电话	400-810-0598
社 址	北京市西城区德外大街4号	网 址	http://www.hep.edu.cn
邮政编码	100120		http://www.hep.com.cn
印 刷	蓝马彩色印刷中心	网上订购	http://www.landraco.com
开 本	787mm×1092mm 1/16		http://www.landraco.com.cn
印 张	14.75	版 次	2011年8月第1版
字 数	330千字	印 次	2011年8月第1次印刷
购书热线	010-58581118	定 价	47.20元(含光盘)

Adobe 公司的产品因其卓越的性能和友好的操作界面备受网页和图形设计人员、专业出版人员、动画制作人员和设计爱好者等创意人士的喜爱，产品主要包括 Photoshop、Flash、Dreamweaver、Illustrator、InDesign、Premiere Pro、After Effects、Acrobat 等。Adobe 正通过数字体验丰富着人们的工作、学习和生活方式。

Adobe 公司一直致力于推动中国的教育发展。为中国教育带来了国际先进的技术和领先的教育思路，逐渐形成了包含课程建设、师资培训、教材服务和认证的一整套教育解决方案。十几年来为教育行业和创意产业培养了大批人才，Adobe 品牌深入人心。

中等职业教育量大面广，服务社会经济发展的能力日益凸显。中等职业学校开设的专业是根据本地区社会实际需要而设立的，目标明确，专业对口，量体裁衣，学以致用，毕业生很受社会欢迎，正逐渐成为本地区经济和文化发展的重要力量。

社会在变革，社会对中等职业教育的需求也在不断变化。一些传统的工作和工作岗位逐渐消亡。另一些新技术和新工种雨后春笋般地出现，例如多媒体技术、图形设计、网站设计、视频剪辑、游戏动漫、数字出版等。即使是一些传统的工作岗位，也要求工作人员掌握计算机技术和软件技能。数字媒体技术应用专业培养的人才是地方经济建设和发展中的一支生力军，Adobe 的软件作为行业的标准软件之一，是数字媒体技术应用专业学生必须学习的，越来越多的学习者体会到了它的价值。

Adobe 公司希望通过与中等职业学校的合作，不断地为学校提供更多更好的软件产品和教育服务，在应用 Adobe 软件技术的同时，也推行先进的教育理念，在教育的发展中与大家一路同行。

Adobe 教育行业经理　于秀芹

Flash 被称为"最为灵活的前台",由于其独特的时间片段分割(TimeLine)和重组(MC 嵌套)技术,结合 ActionScript 的对象和流程控制,使灵活的界面设计和动画设计成为可能。Flash 具有跨平台的特性,无论处于何种平台,只要安装了支持的 Flash Player,就可以保证它们的最终显示效果一致,而不必像在以前的网页设计中为不同的浏览器各设计一个版本。最新的 Flash 还具有手机支持功能,可以让用户为自己的手机设计喜爱的功能(当然首先要有支持 Flash Player 的手机)。同时 Flash 还可以应用于 Pocket PC。那么,Flash 可能的发展方向究竟如何?

1. 应用程序开发。由于其独特的跨平台特性、灵活的界面控制以及丰富的多媒体特性,使得用 Flash 制作的应用程序具有很强的生命力,在与用户的交流方面具有其他任何方式都无可比拟的优势。当然,某些功能可能还要依赖于 XML 或者其他(如 JavaScript)客户端技术来实现。但目前的现状是,具有运用 Flash 进行应用程序开发这方面经验的人很少。对于大型项目而言,使用 Flash 进行开发此时未免有些言之过早,因为它意味着很大的风险。当然,能尽早掌握和积累这方面的经验无疑是一种很大的竞争力。目前可以将这种技术运用在项目中的一小部分或小型项目中,以减少开发的风险,随着 FLEX4.0 和 AIR2.0 的发布,用 Flash 设计桌面应用程序又离我们更近了一步。

2. 软件系统界面开发。Flash 对界面元素的可控性和它能表达的效果无疑对设计者有很大的诱惑。对一个软件系统的界面,Flash 所具有的特性完全可以为用户提供一个良好的接口。

3. 手机领域的开发。手机领域的开发对精确(像素级)的界面设计和 CPU 使用分布的操控能力有更高的要求,但同时也意味着更广泛的使用空间。开发者必须为每一款手机(或 Pocket PC)设计一个不同的界面,因为它们的屏幕大小各有不同,当然软件的内核可能是相同的。要注意的是各类手机 CPU 的计算能力和内存的大小不同。这些无疑是很苛刻的要求。

4. 游戏开发。事实上,Flash 用于游戏开发已经进行了多年的尝试,但至今仍然停留在中、小型游戏的开发上。用 Flash 进行游戏开发很大程度上受限于它的 CPU 能力和大量代码的管理。而且最新的 ActionScript 3.0 使其性能达到之前版本的 10 倍,所以在游戏开发上 Flash 本身已有了极大提高。

5. Web 应用服务。其实很难界定 Web 应用服务的范围究竟有多大,它似乎拥有无限的可能。随着网络的逐渐渗透,基于客户端-服务器端的应用设计也开始逐渐受到欢迎,并且一度被誉为最具前景的方式。但是,这种方式开发者可能要花更多的时间在服务器后台处理和架构上,并且将它们与前台(Flash 端)保持同步。

6. 站点建设。事实上,目前只有极少数人掌握了建立全 Flash 站点的技术,因为它意味着更高的界面维护能力和开发者整站架构能力。但它带来的好处也异常明显:全面的控制,无缝的导向跳转,更丰富的媒体内容,更体贴用户的流畅交互,跨平台和受客户端的支持以及与其他 Flash 应用方案无缝连接集成等。

7. 多媒体娱乐。Flash 本身就以多媒体性和可交互性而广受欢迎,它所带来的亲切氛围相信每一位用户都会喜欢。Flash 影片的后缀名为". swf",该类型文件占用硬盘空间少,所以现在被广泛应用于网页游戏、网页电影等。

本书侧重于互动媒体制作技术的综合应用,在 Dreamweaver CS5 部分,深入解析 Dremweaver CS5 软件在网站设计时的制作技巧,同时结合领域内热门的代表性网站案例,在学习过程中进行商业化制作模拟,在掌握制作技术的同时熟悉商业化制作流程。

本书特色如下:

· 定位明确,通俗易懂

本书语言通俗易懂、循序渐进,并配以大量的图示,特别适合初学者学习,对有一定基础的读者也大有裨益。

· 编写体例上符合认知和教学规律

本书在编写体例上打破了传统教材的编写方式,以操作为主,每个部分都包含了学习目标、相关知识和任务实施内容。在案例的选用上注重知识的有效性、综合性和技巧性,将制作方法和商业制作技巧有效结合。案例之间形成难度梯度,便于学生有效把握。在内容处理上更符合认知规律。

为了能真正提高学生的互动媒体设计能力,学校在开设该课程时,最好全部进行上机学习,每次上机为 2 学时。有条件的学校,在安排本课程学习前,能先进行 Flash 动画课程的学习,可以大大提高学生的实战能力。

学时安排（不包含期中、期末考试复习）

章节	总学时
1　脚本语言基础	8
2　程序基础	8
3　面向对象的设计	4
4　类库的使用	8
5　显示对象	12
6　交互式设计	8
7　互动式课件制作	8
8　商业案例实训	8
9　Dreamweaver 与网站设计基础	8
10　Dreamweaver 与网站制作	12
合计	84

本书由周宇、鲍鹏杰主编。编者具有多年教学经验，具有商业游戏和广告设计的经验，熟知初学者最渴望学习脚本设计方面的方法和技巧，能将复杂的知识通过案例进行通俗易懂的介绍。相关行业人员参与整套教材的创意设计及具体内容安排，使教材更符合行业、企业标准。中央广播电视大学史红星副教授审阅了全书并提出宝贵意见，在此表示感谢。

本书配套光盘提供书中所用案例的素材和源文件。本书还配套学习卡网络教学资源，使用本书封底所赠的学习卡，登录 http://sve.hep.com.cn，可获得更多资源，详见书末"郑重声明"页。本书所使用的相关资料只用于教学，不应用于商业用途。

本书是集体智慧的结晶，在编写过程中，我们力求精益求精，但难免存在一些不足之处，敬请广大读者批评指正。读者意见反馈信箱：edu@digitaledu.org。

编者

2011 年 5 月

目 录

脚本语言基础

Flash 动画和一般的动画或视频文件有着很大的不同,一般的视频文件记录每一帧的画面并顺序播放,而 Flash 动画则更像是将演出需要的各种道具和脚本定义好,然后在播放的时候按照剧本进行演出。这种区别在剧本不是固定的而是根据一些情况可以改变的时候显得尤为明显。在 Flash 动画中,可以使用 ActionScript 3.0 语言来控制动画中的各种元素的行为和状态,实现可变的脚本。换句话说,可以使用 ActionScript 3.0 语言来描述脚本。

1.1 脚本语言概述

脚本语言,可以说是用来描述脚本的语言。之所以要用语言来描述脚本,是因为,如果希望脚本能够完成一些较为复杂的功能,如完成逻辑判断之类,用语言描述是合理的解决方法。

例如,希望脚本能够完成这样的任务:如果游戏中某一角色的经验值达到或超过某一值,那么该角色升级。这样的条件包含了逻辑判断,但是逻辑本身是抽象的,用具体的东西精确地表示抽象的东西是困难的,而使用语言来描述抽象的概念就非常合适,因为语言本来就是用来在不同的个体之间传递思想的。

ActionScript 是针对 Adobe 公司的 Flash Player 播放器环境的脚本语言,用于控制 Flash Player 在播放 SWF 文件时的行为。ActionScript 代码通常被编译成"字节码格式"并嵌入到 SWF 文件中,SWF 文件由运行环境——Flash Player 执行。

综上所述,ActionScript 是一种嵌入到 SWF 文件中,用于控制 Flash Player 播放器在播放 SWF 文件时行为的脚本语言,它的功能受限于 Flash Player 播放器的功能。随着 Flash 的版本不断更新,ActionScript 的功能也越来越丰富。

1.1.1 认识 Adobe Flash Professional CS5

1. 界面

本书以 Adobe Flash Professional CS5 作为开发工具,演示 ActionScript 3.0(简称 AS3)程序和开发。

打开软件,出现程序的欢迎界面,如图 1-1-1 所示。

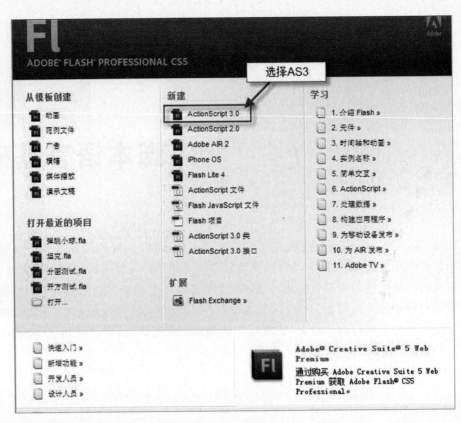

图 1-1-1　欢迎界面

选择"新建"中的 ActionScript 3.0，会看到如图 1-1-2 所示的窗口，如果窗口外观有所不同，可以更改界面整体风格为"传统"。

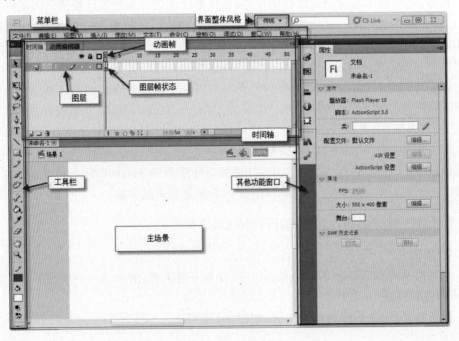

图 1-1-2　工作界面

工作界面的主要栏目包括：

· 菜单栏：菜单栏里能够找到几乎全部的程序功能，在后面的学习中会慢慢接触到。

· 界面整体风格：可以有几种选择，为了比较全面的展示界面，这里选择"传统"风格。

· 时间轴：位于菜单栏下面的一个区域，包含了图层和动画帧。

· 图层：就像是一张张独立的画布，各图层之间不会相互干扰，可以独立选择编辑显示、隐藏或锁定图层。

· 动画帧：动画的时间轴，可以移动红色的滑块来查看不同时间下动画的状态。

· 图层帧状态：显示图层在某一帧下的状态，黑色的实心圆圈代表这一帧下这个图层中有对象，空心的圆圈代表这一帧下这个图层是空的，如果上面有字母 α，代表这一帧在这个图层上有 ActionScript 代码。

· 工具栏：集合了绘制 Flash 动画常用的工具。

· 其他功能窗口：制作 Flash 常用的属性和参数显示窗口。

· 主场景：绘制 Flash 动画的空间。

2. 如何加入动画脚本

如果想要给 Flash 影片加入程序代码，可以按 F9 键打开动作窗口，也可以在时间轴里的图层帧状态上右击，然后在弹出菜单中选择"动作"命令，还可以单击主菜单"窗口"→"动作"命令来打开动作窗口。

ActionScript 3.0 的程序一般要添加在第一帧上面，而且一般要求主场景的时间轴只有一帧。这是因为如果主场景有其他帧，当影片播放到第二帧时，第一帧中的程序就不起作用了，而当影片播放结束回到第一帧时，添加在第一帧的程序又会完全重新执行。这通常会导致程序无法控制。

一般的做法是把需要加入程序中的动画转换为影片剪辑，然后放入主场景中，这样影片剪辑的播放不会受到主场景只有一帧的情况影响，并且影片剪辑可以使用 Action-Script 3.0 程序很好地控制。

打开动作窗口，如图 1-1-3 所示。

· ActionScript 3.0（AS3）语言元素帮助：这个区域可以帮助用户查看使用的 AS3 类型包含的属性、方法和事件。

· 代码所属位置：用于显示当前编辑的代码属于哪个场景，哪个图层，哪一帧。

· 代码区域：程序代码就写在这里。

试着在代码区域里写下：

```
trace("hello world!");
```

然后按 Ctrl＋Enter 键测试影片。

在影片播放的同时，会出现一个名为"输出"的窗口，在这个窗口中，会显示出"hello world!"这串字符。

现在解释一下上面的那行代码。trace 是一个函数，功能就是让 Flash 播放器输出指定的信息到输出窗口中，后面的括号里面是要输出的信息。当播放器播放影片的第一帧时，会执行其中包含的脚本，即 trace("hello world!")，然后根据脚本的指示，将"hello world!"输出到输出窗口中。语句后面的分号代表一条语句的结束。

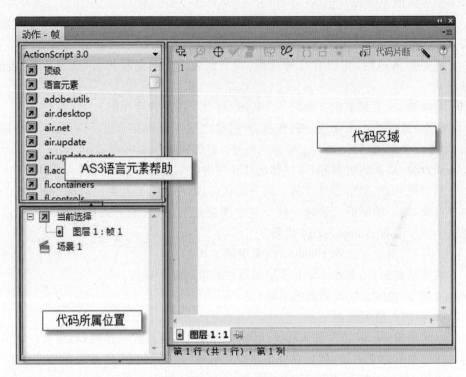

图 1-1-3　动作窗口

1.1.2　实例演示

本实例是制作由脚本控制的地球绕太阳转动的动画,如图 1-1-4 所示。因为不使用制作动画的方式,所以只需要在场景上画上一个太阳和一个地球,并分别转换为元件即可。

图 1-1-4　地球绕太阳转动的动画

本实例的目的是希望通过亲自动手编写代码来对程序的开发有直观了解,另外希望通过这个实例,简单地说明程序和变量的基本概念,以及为什么要在程序里使用变量,如何使用变量等问题。

初次接触程序,一定会有很多不解的地方,没有关系,可以先记住怎样做会对应什么样的效果,具体的原理会在以后详细介绍。因此这个实例的目的重点在学习程序语言的思维方式。

另外掌握 Flash 帮助文档的使用也是非常重要的,即使是精通 ActionScript 3.0 编程的人也离不开这些帮助。打开帮助文档,单击"ActionScript 3.0 和组件",可以看到 ActionScript 3.0 的帮助文档,如图 1-1-5 所示。

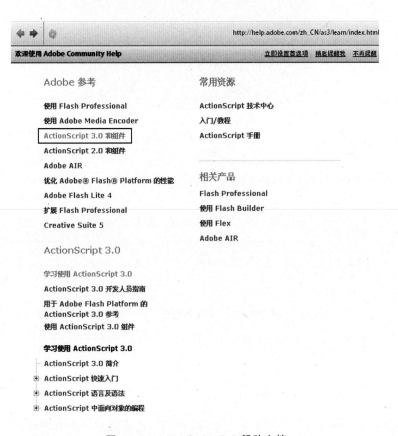

图 1-1-5　ActionScript 3.0 帮助文档

在"ActionScript 3.0 和组件"里面有许多学习资源。"学习使用 ActionScript 3.0"中介绍了 ActionScript 3.0 的基础概念;"ActionScript 3.0 开发人员指南"中有许多的"如何实现",如果想实现某些功能而不知道应该怎么做,不妨在里面找一找,通常都不会失望的;"用于 Adobe®Flash®Professional CS5 的 ActionScript®3.0 参考"中是 Flash 提供的 API 参考,API 是应用程序编程接口,在 ActionScript 3.0 编程中要大量使用 API 的功能;"使用 ActionScript 3.0 组件"中是关于使用组件的方法,组件可以帮助开发人员快速建立软件的用户界面。

这些内容极为全面和庞大,本书中不可能也没有必要容纳如此多的内容。Adobe 对 ActionScript 3.0 提供全面和友好的帮助,所以学会使用 Adobe 提供的帮助是非常重要的。

1. 创建影片剪辑

下面开始做元件的实例。

首先，在文档的属性窗口（使用选择工具单击"场景"，此时属性窗口显示的就是文档的属性），将舞台颜色改为黑色，如图 1-1-6 所示。

图 1-1-6　文档的属性

接着在场景中绘制两个球体并分别转换为影片剪辑元件，如图 1-1-7 所示。

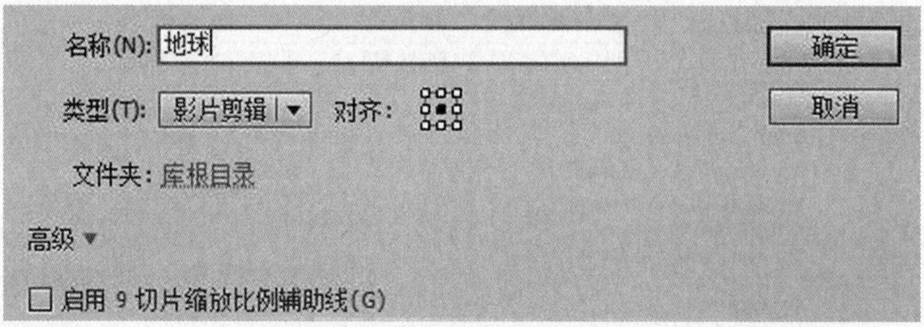

图 1-1-7　转换为元件

转换为元件时，"名称"不要求一定要写"地球"（可以随意填写方便识别元件的名称即可），"类型"要求是"影片剪辑"，"对齐"最好选为"中心"。一般在做 Flash 动画的时候，元件的对齐作用不明显，但是在程序中使用时，它就变得比较有用了。"对齐"是指一个元件的坐标与元件的相对位置。例如，把"对齐"选为"中心"，然后指定元件的某个实例坐标为(0,0)，那么这个实例的中心位置就落在坐标(0,0)上，而如果把"对齐"选为"左上角"，然后指定元件的某个实例的坐标为(0,0)，那么这个实例的左上角就落在坐标(0,0)上，这时候这个元件的中心当然就不在(0,0)上。

现在在元件库中应该有两个元件了，在场景中有这两个元件各自的一个实例。

现在将这两个实例的实例名称分别改为"sun"和"earth"，可以在属性窗口中修改实例的名称。首先使用选择工具选中实例，然后在属性窗口中修改实例名称，如图1-1-8所示。

1　脚本语言基础

图 1-1-8　修改实例名称

2. 添加代码

接下来开始添加代码。

按 F9 键,打开动作窗口,在左下方窗口中单击"场景 1",如图 1-1-9 所示。

图 1-1-9　添加代码区域

(1)定义变量。

程序的第一部分定义变量,在代码区域添加以下代码。

var hours:Number;

第一行定义一个变量,名称是"hours",类型是"Number",用来代表小时数。Number 类型的变量可以代表一个实数。变量是代表某一个量(事物)的符号。例如,规定一个人的年龄超过 18 岁就是成人了。在编写程序时可以将"年龄"定义为变量,然后再与"18"进行比较,得出这个人是不是成人的结论。可见,变量用来定义规则和过程。

"var"是定义变量的关键字,如果要定义变量就要在定义变量的那一行代码前面加上"var"。

变量的名称"hours"是自定义的一个标识符。这里使用"hours"的原因是表示这个变量用来储存小时数。但是这里不是必须这样命名,这样命名仅仅是为了增加程序的可读性。标识符的命名规则是只能由数字、字母和下划线组成，且不能由数字开头。只要符合这个规则，且不与已存在的系统标识符、已定义的自定义标识符相同就可以合法地使用。

hours＝0;

这一行代码给变量"hours"赋值为 0，目的是将小时数设置为 0，也就是设置初始值。定义变量之后最好赋予初始值。

在 ActionScript 3.0 中"＝"代表赋值的意思，就是将"＝"右边的值赋予左边的变量。这里"＝"称为赋值符号，而不是数学意义上的"等号"。

给变量赋值就是改变变量所代表的值。在使用一个变量之前，应该给这个变量赋值，使其所代表的值是明确的，这样当进入使用这个变量来定义的过程之后，就可以得到确切的结果了。除了直接写出值来赋值，变量、运算的结果以及函数的返回值都可以通过赋值符号给变量赋值。

var days:Number;

同第一行，定义一个 Number 类型的自定义变量"days"，目的是用来代表天数。

days＝0;

这一行代码给变量"days"赋值为 0，目的是初始化天数为 0。

var rEarth:Number;

同第一行，定义一个 Number 类型的自定义变量"rEarth"，目的是用来代表地球的公转半径。

rEarth＝100;

这一行代码给变量"rEarth"赋值为 100，目的是设置地球公转半径为 100。这里的 100 没有单位，因为它只是一个实数。但是根据下面的使用方式，这个半径实际上是 100 个屏幕像素（在播放时没有缩放画面的情况下）。

另外，这里半径指的是地球与太阳圆心的距离，可以试着改变这里的值来改变动画中地球与太阳的距离，看看效果。

var time:Timer;

这一行还是定义变量，但是这个变量的类型不是 Number 类型，而是 Timer 类型。Timer 类型是一种复杂类型，是定时器类，关于类的讨论留在后面进行，这里不再深入讨论，只对使用方法和有关于变量的部分进行探讨。

上面的三个 Number 类型变量，都可以说储存、代表、记录实数，其实意思是一样的，在程序中把它们当成某个实数来使用。这里的变量"time"也是这样，可以把它当成某个计数器来使用。

（2）添加事件。

使用定时器的目的是用来定时控制小球的旋转。

time＝new Timer(10);

这一行依旧是赋值，为"time"指定初始值。这里说初始值也许不贴切，换个说法就是创建一个定时器的实例。可以把 Timer 类看成定时器的设计图，就像现实中的闹钟一样，按照一种闹钟的设计图生产的许多闹钟既是相同的（结构上）又是不同的（不同的个体），这些闹钟可以分别被设置为不同的时间。Timer 是定时器类的名字，可以用它来指定变量的类型，也可以放在"new"关键字后面用来创建定时器的实例。这里用

"time"来代表这个实例。

"new Timer"后面的括号和里面的数字组成创建定时器实例时使用的参数。括号代表里面的数字是参数,它起到将参数和类名分开的作用。参数的作用是指定定时器的定时时间,单位为"ms"。按照这样的方法创建的定时器会每隔 10ms 产生一个定时器事件,而如何响应这个事件,是由下面的代码定义的。如果没有指定响应事件的方式,那么事件是不会对程序产生任何影响的,这个定时器也就没有什么明显的作用了。

time. addEventListener(TimerEvent. TIMER,startHandler);

定时器"time"每隔 10ms 就会产生一个定时器事件,为了能够响应这个事件,需要使用"time"的 addEventListener 函数来设置响应事件的函数。函数就是一段命名的代码,使用函数的名字来调用这段代码以完成特定的功能。

定时器的 addEventListener 函数在使用时需要两个参数,第一个参数是指定要为哪一个事件添加响应函数,第二个参数是用哪一个函数来响应第一个参数指定的事件。在这里定时器每隔 10ms 会自动发生一次定时器事件,这个事件用 TimerEvent. TIMER 来表示。startHandler 是用来响应这个每 10ms 发生一次的事件的函数,这个函数是自定义的,它的定义后面会涉及,这里用处理事件的函数名字作为第二个参数。

time. start();

这是调用定时器的 start 函数,这个函数的功能是使定时器开始工作。只有调用了定时器的 start 函数之后,定时器才会开始每隔一段时间产生一个 TimerEvent. TIMER 事件。

定时器类的其他功能可以查询 Adobe 帮助文档,在"用于 Adobe® Flash® Professional CS5 的 ActionScript® 3.0 参考"中,如图 1-1-10 所示。

图 1-1-10　Timer 帮助文档

在全部类里找到 Timer,单击就能看到 Timer 的详细帮助。事件处理在"ActionScript 3.0 开发人员指南"中的"核心 ActionScript 类"下"处理事件"中有详细地叙述。

简单地说就是这样一个过程,调用要处理事件的对象的 addEventListener 方法,第一个参数是要响应的事件,第二个参数是处理这个事件的函数。第一个参数是因为许多对象不只有一种事件;第二个参数是函数的名字,而这个函数要有一个参数,参数的类型是相关事件的类型,如时间事件是 TimerEvent,其他的事件类可以在"用于 Adobe® Flash® Professional CS5 的 ActionScript® 3.0 参考"的包里面的 flash.events 中找到介绍。当事件在这个对象上发生时,就会由系统自动调用设置的事件处理函数,同时传递包含事件信息的参数。

function startHandler(e:TimerEvent):void

这是定义函数的部分,函数的详细讨论在下面进行,这里只针对这个例子进行讨论。首先,"function"关键字是指明这一行代码用来定义一个函数。这与"var"关键字相似。"startHandler"是函数的名字,函数的命名规则与变量的命名规则是一致的。后面的括号和里面的参数可以看成函数名的一部分,因为当要调用一个函数时,括号和参数也是要写的。括号里面的"e:TimerEvent"是表明这个函数在调用时需要一个参数,参数的类型是"Event"(事件类)。一般情况下,函数的行为会由于参数的不同而有所不同。但是在这个例子里,参数并没有明显作用,写上这个参数只是为了满足函数的格式。另外在一般使用情况下,无参数的函数也是允许的,就像 time.start()那样,不过即使没有参数,在定义和调用时,括号还是必须的。

括号后面的":void"也与定义变量相似,定义变量时是指定变量的类型,而这里是指定函数的返回值的类型,也称为函数的类型。这里用"void"代表这个函数不返回任何值。

通过上面几行设置定时器的代码,这个函数在定时器每次发生定时器事件时被调用,每次调用之后,这个函数根据"days"、"hours"的值改变"地球"的位置和角度,实现动画效果。

{

大括号,在程序中代表一个语句块的开始。语句块是数行语句的集合体。紧跟在函数定义后面的语句块用来定义函数的行为,也就是函数的具体工作过程。

earth.x=Math.cos(days*2*Math.PI/365)*rEarth+sun.x;

这一行是用来计算地球的 x 坐标值。这一行的"earth"是在场景中实例名称为"earth"的实例。在场景中放入影片剪辑并指定实例名称之后,就可以在代码中直接通过实例名称使用那个实例。

影片剪辑类型在 ActionScript 3.0 中的标识符是 MovieClip,通过查找 MovieClip 的帮助,可以了解操作影片剪辑的更多方法。方法与查找 Timer 帮助相同,这里不再重复。

赋值符号右边是一个数学表达式,Math 是代表数学库的类,里面有一些现成的数学工具可以使用,这里使用的是根据弧度计算余弦值的函数 cos(同样可以通过查找 Math 类的帮助,来了解数学库中提供的更多的功能。Math.cos 要求的参数是需要计算余弦值的角的弧度,Math.PI 是一个常量,代表数学里的 π。"days*2*Math.PI/365"代表地球绕太阳旋转的角度。

earth.y=-Math.sin(days*2*Math.PI/365)*rEarth+sun.y;

同理计算地球的 y 坐标值,前面加负号是因为 y 轴的正方向是向下的。

earth. rotation＝hours＊180/12；

影片剪辑元件的"rotation"属性是旋转角度的意思，单位是度。地球 24 小时旋转一周，所以每小时旋转 $\left(\frac{360}{24}\right)°$ 即 $\left(\frac{180}{12}\right)°$。

hours＝(hours＋1)％24；

这一行是让小时数增加 1。后面的"％"是求模运算符，功能是计算余数，如 9％7 代表将 9 除以 7 取余数，结果是 2，而 9％2 的结果是 1。这里与 24 取余数的目的是让小时数不超过 24，当小时数等于 24 时，与 24 取余数的结果是 0，这就让小时数在等于 24 时回归到 0。

另外，这里使用赋值符号改变"hours"的值。由于"hours"变量是在 startHandler 函数的外部定义的，所以 startHandler 函数一次调用完成之后"hours"的值就保持为改变后的值，当下一次调用 startHandler 函数时，所使用的"hours"的值就与上次调用不同了，当执行了"earth. rotation＝hours＊180/12"这行代码后，地球的自转角度就发生了改变。

days＝(days＋1/24)％365；

与上一行类似，让天数增加 1/24 天即 1 小时。求模运算控制天数不超过 365。

}

这个大括号代表语句块的结束。

这样，这段代码如果用伪代码（用自然语言模仿程序语言结构）来写的话，就是这样的：

定义变量小时数；

小时数设置为 0；

定义变量天数；

天数设置为 0；

定义变量距离；

距离设置为 100；

定义变量定时器；

创建定时器；

为定时器添加定时运行的函数；

定时器开始运行；

定义定时器定时运行的函数

{

　　　根据太阳的位置、距离以及天数计算地球的新位置；

　　　根据小时数计算地球的自转角度；

　　　小时数增加 1；

　　　天数增加 1/24；

}

本案例的完整代码如下：

var hours：Number；

hours＝0；

var days：Number；

```
days=0;
var rEarth:Number;
rEarth=100;
var time:Timer;
time=new Timer(10);
time. addEventListener(TimerEvent. TIMER,startHandler);
time. start();
function startHandler(e:TimerEvent):void
{
    earth. x=Math. cos(days*2*Math. PI/365)*rEarth+sun. x;
    earth. y=-Math. sin(days*2*Math. PI/365)*rEarth+sun. y;
    earth. rotation=hours*180/12;
    hours=(hours+1)%24;
    days=(days+1/24)%365;
}
```

代码添加完毕后,按 Ctrl＋Enter 键播放测试影片,可以看到实例名称为"earth"的小球围绕实例名称为"sun"的小球旋转,如图 1-1-11 所示。

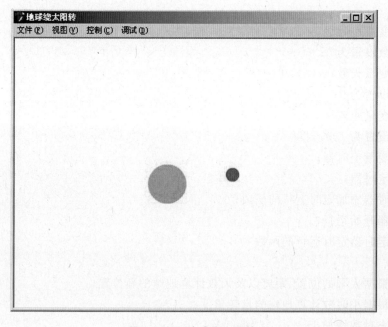

图 1-1-11　地球绕太阳转

3. 程序设计总结

程序可以说是对一个过程按照程序的语法进行的定义。当程序开始运行的时候,一般都有一个统一的起点,然后按照程序的逻辑开始逐步运行。

计算机的程序其实都建立在对数据的使用和处理上,根据程序定义的对数据的操作来改变数据,再根据数据来选择程序的行为。

变量是用来存储数据的,用一个自定义的标识符代表储存的数据,在程序中再使用这些标识符访问数据。

在程序中使用变量能够让程序变得灵活,对过程的定义脱离具体的数据,从而能够把过程从具体行为中抽象出来。就像把 $5^2=3^2+4^2$ 这个勾股定理抽象成 $c^2=a^2+b^2$ 一样,前者是具体的行为,放在程序中也只能得到"25"这个结果,而后者是对行为的抽象,它定义一个将 a 平方后加上 b 的平方的过程,得到的结果根据 a 和 b 代表的值的不同而改变,但都符合相同的规律。

1.2　语法基础

任何语言都有语法,因为如果没有规定统一的语法和语义的话,不同个体之间无法知道对方在说什么。例如,汉语和英语,因为语法不同,对同一事物或概念的表述不同,只会汉语的人恐怕很难理解另一个说英语的人究竟想要表达什么,当然通过肢体语言也能多多少少了解一点,但那也是建立在人类的肢体语言大致相似的前提下。

也可以认为编程语言的语法是一组定义的,在编写可执行代码时必须遵守的规则。

1. 语法

本部分介绍基本语法,其他关于定义变量的语法、定义函数的语法、定义类的语法等将在相关章节进行介绍。

(1) 区分大小写。

在 ActionScript 3.0 中,大小写是严格区分的,也就是说"trace"和"Trace"是两个不同的标识符。这一点与英语语法或许不大相同,不过英语中也有单词的大小写意义不一样的情况,只是在这里需要严格区分。

(2) 点语法。

通过点运算符(.)可以访问对象的属性。可以把点运算符(.)当成汉语中的"的"字。这里稍提一下对象的概念,用设计图和产品来打比方,类就是设计图,而对象就是照着这个设计图制作的产品。一个类可以用来生产多个产品,就像某一型号的手机一般都会生产很多部,即使两部手机都是同一型号的,在正常使用的情况下,通常其内部储存的数据(例如短信息、电话本的内容)也是不同的。所以同一个类的不同对象有着结构上的相似和实际内容的不同。虽然用设计图和产品来比喻类和对象的关系也不是特别合适,就像之前说过的,用具体的东西来表现抽象的概念十分困难,但是如果只关注其结构上的相似和实际的不同这一点的话,还是能够在相当程度上说明类和对象的关系的。

(3) 字面值。

字面值是直接出现在代码中的值,如 1.1 中的字符串"hello world!"。其他如null、undefined、true、false、7、-9、7.8 等都是字面值。

(4) 分号。

可以使用分号(;)来终止语句。如果省略分号,则默认每行代码代表一行语句。使用分号来结束语句是一种好的习惯,可以使得代码更加容易阅读。

因为程序语言是用来与计算机沟通的,所以要求比较严格,语法也比较死板,主要的目的就是要避免歧义的产生。

（5）小括号。

小括号(())在 ActionScript 3.0 中有三种使用方式。

第一，可以使用小括号明确或改变表达式中的运算顺序。这一点和数学中的用法基本相同，小括号中的内容将被优先运算。如"6*7+5"的结果是 47，而"6*(7+8)"的结果是 90。

第二，可以结合使用小括号和逗号运算符(,)来计算一系列表达式并返回最后一个表达式的结果。如"var a:int=(5+5,7+8,10+11);"。

上面的代码使用的语法会在变量那一节中介绍，这里要说的是这行代码的结果是 a 的值会变成 10+11 即 21。

第三，可以使用小括号来向函数或方法传递一个或多个参数。

不必过于拘泥于这里的说明，函数的使用方法会在后面详细介绍。

（6）注释。

注释包括单行注释和多行注释两种。

单行注释用双正斜杠(//)开头，持续到这一行的结尾。多行注释用一个正斜杠和一个星号(/*)开头，以一个星号和一个正斜杠(*/)结束。如图 1-2-1 所示。

```
//time.start();  单行注释

/*function startHandle(e: TimerEvent):void
{
    earth.x = Math.cos(days * 2 * Math.PI / 365) * rEarth + sun.x;
    earth.y = -Math.sin(days * 2 * Math.PI / 365) * rEarth + sun.y;
    earth.rotation = hours * 180 / 12;
    hours = (hours+1)%24;
    days = (days+1 / 24)%365;
}*/  多行注释
```

图 1-2-1　单行注释与多行注释

注释的作用是提高程序的可读性，不会对程序功能产生实质影响。多写注释的好处就是让程序变得容易读懂，因为代码和自然语言还是有很多不同的，所以要向其他人（包括过了一段时间再去看自己写的代码的时候）表述自己的思想，还是用自然语言比较好。

2. 标识符

标识符就像是人类语言中的词汇，是有意义的一串字符，例如前面提到的"trace"，它代表一个函数。Flash Player 播放器认识这个词，也知道它的意义，并按照它所代表的意义工作。

通常程序中都包含大量的标识符，甚至可以说程序是由标识符组成的。

程序中包含的标识符有两大类，一种是 ActionScript 3.0 原有的标识符，另一种是自定义标识符。

每个标识符都有自己的含义，自定义标识符也要在定义时指明其含义，所以程序中不允许出现名字相同但含义不同的标识符，这意味着在定义自定义标识符时，要确定新的标识符不会让程序产生歧义。

标识符的命名也是有规则的，只能由数字、字母以及下划线组成，且不能用数字开头。

3．关键字

词汇关键字是 ActionScript 3.0 预留的一部分单词,这些单词在程序中有着重要的意义和作用,不可以被标识符使用。例如,"var"这个单词用来告诉程序接下来要定义一个变量,"function"用来告诉程序接下来要定义一个函数,"if"用来进行条件的判断,"for"用来实现循环。

表 1-2-1 列出了 ActionScript 3.0 的词汇关键字。

表 1-2-1　ActionScript 3.0 的词汇关键字

as	Break	case	catch
class	Const	continue	default
delete	Do	else	extends
false	Finally	for	function
if	Implements	import	in
instanceof	Interface	internal	is
native	New	null	package
private	Protected	public	return
super	Switch	this	throw
to	True	try	typeof
use	Var	void	while
with			

除了词汇关键字之外还有语法关键字和保留字,这些关键字可以作为自定义标识符使用,但是非常不建议这么做。

表 1-2-2 列出了 ActionScript 3.0 的语法关键字。

表 1-2-2　ActionScript 3.0 的语法关键字

each	Get	set	namespace
include	Dynamic	final	native
override	Static		

表 1-2-3 列出了 ActionScript 3.0 的保留字。

表 1-2-3　ActionScript 3.0 的保留字

abstract	Boolean	byte	cast
char	Debugger	double	enum
export	Float	goto	intrinsic
long	Prototype	short	synchronized
throws	To	transient	type
virtual	Volatile		

前面三个表里的东西不需要现在就背下来,随着学习的深入和练习量的增加,慢慢就会记住了。相关的关键字会在相关的章节进行深入讲解。

4. 数据类型

数据在计算机中都是以统一的形式存储的,计算机内部只能储存二进制数据。所以为了明确这些数据所代表的含义,必须要给数据指定数据类型。

例如,在一张纸条上写一串数字,它既可能是一个电话号码,也可能是某种事物的数量,还可能是一个密码或者一句话——用一串数字来代表一句话正是计算机储存字符的方法。如果不指明数据的类型,就无法确定数据的含义。

在 ActionScript 中,可以将很多数据类型作为所创建的变量的数据类型,其中的某些数据类型可以看成"简单"或"基本"数据类型。

(1) String:一个文本值,例如,一个名称或书中某一章的文字。

(2) Numeric:对于 Numeric 型数据,ActionScript 3.0 包含三种特定的数据类型。

- Number:任何数值,包括有小数部分或没有小数部分的值;
- int:一个整数(不带小数部分的整数);
- uint:一个"无符号"整数,即不能为负数的整数;

(3) Boolean:包含两个值——true 或 false,例如开关是否开启或两个值是否相等。

简单数据类型表示单条信息,例如,单个数字或单个文本序列。然而,ActionScript 中定义的大部分数据类型都可以被描述为复杂数据类型,因为它们表示组合在一起的一组值。例如,数据类型为 Date 的变量表示某个时间时刻,然而,这个值实际上由几个值,包括年、月、日、时、分、秒等组成,它们都是单独的数字。所以,虽然我们认为日期是单个值(可以通过创建一个 Date 变量将日期作为单个值来对待),而在计算机内部却认为日期是组合在一起、共同定义单个日期的一组值。

大部分内置数据类型以及程序员定义的数据类型都是复杂数据类型。下面为一些后面会学习到的复杂数据类型。

(1) MovieClip:影片剪辑元件。

(2) TextField:动态文本字段或输入文本字段。

(3) SimpleButton:按钮元件。

(4) Date:有关时间中的某个片刻的信息(日期和时间)。

与数据类型相关的两个词是"类"和"对象"。类指的是数据类型的定义,类似于用于该数据类型的所有对象的模板,例如"所有 Example 数据类型的变量都拥有这些特性,A、B 和 C"。相反,对象仅仅是类的一个实际的实例,可将一个数据类型为 MovieClip 的变量描述为一个 MovieClip 对象。下面几条陈述虽然表达的方式不同,但意思是相同的:

(1) 变量 myVariable 的数据类型是 Number。

(2) 变量 myVariable 是一个 Number 实例。

(3) 变量 myVariable 是一个 Number 对象。

(4) 变量 myVariable 是 Number 类的一个实例。

在将某个值转换为其他数据类型的值时,即发生了类型转换。类型转换可以是隐式的,也可以是显式的。隐式转换又称为强制转换,有时在 Flash Player 运行时执行。例如,如果将值 2 赋给 Boolean 数据类型的变量,则值 2 会先转换为布尔值 true,然后再将其赋给该变量。显式转换又称为转换,在代码指示编译器将一个数据类型的变量视为属于另一个数据类型时发生。在涉及基元值时,转换功能将一个数据类型的值实际转换为另一个数据类型的值。要将对象转换为另一类型，可以用小括号括起对象名并在它前面加上新类型的名称。例如，下面的代码提取一个布尔值并将它转换为一个整数：

```
var myBoolean:Boolean＝true;
var myINT:int＝int(myBoolean);
trace(myINT);//1
```

关于数据类型的详细说明参见帮助文档中"学习使用 ActionScript 3.0"下的"ActionScript 语言及语法"中"数据类型"。如图 1-2-2 所示。

图 1-2-2　数据类型帮助文档

5. 变量和常量

如果以自然语言为例子的话，变量类似于代词或者某一个、某个人、某物这样的称呼。当然例如"剩余金钱"或者"当前位置"这样的表达也是变量。

举一个具体的例子：足球比赛结束后，如果甲队的分数大于乙队的分数，那么甲队胜利，如果乙队分数大于甲队分数则乙队胜利，否则平局。

在上面的叙述中，甲队和乙队的分数就是变量，在描述上面的规则时不可能使用具体的值，不能用"如果甲队 3 分，乙队 2 分，那么甲队赢"这样的方式来定义规则，这只是举一个例子来说明规则，因为这种描述没有一般性。所以只能使用变量来代表甲队和乙队的分数，并以分数的大小关系来说明规则。

另举一个例子，就是数学函数的变量。例如函数"y＝3x＋5"。

这里 x 是变量，y 是函数值。x 是可变量，x 的值是在取值范围里任意一个值，在定义时不能指定 x 的具体值也不能得到 y 的具体值,给定的只能是一个计算方法的定义,然后在实际使用时,根据需要代入 x 的值来计算 y 的值。

这和程序中的情况很相似,程序中的变量用来在不涉及具体值的情况下定义程序的运算过程,在程序运行时则根据变量中存储的具体值来形成程序具体的行为和结果。

(1) 编程中涉及的变量。

由于编程主要涉及更改计算机内存中的信息,因此在程序中需要一种方法来表示单条信息。变量是一个名称,表示计算机内存中的值。在编写语句来操作值时,编写变量名来代替值;只要计算机看到程序中的变量名,就会查看自己的内存并使用在内存中找到的值。例如,如果两个名为"value1"和"value2"的变量分别代表一个数字,则可以编写语句"value1+value2"将这两个数字相加。在实际执行步骤时,计算机会查看每个变量中的值,并将这些值相加。

在 ActionScript 3.0 中,一个变量实际上包含三个不同部分:变量的名称,可以存储在变量中的数据的类型和存储在计算机内存中的实际值。

在 ActionScript 中创建变量时,应指定该变量要保存的数据的特定类型,此后,程序的指令只能在该变量中存储该类型的数据,可以使用与该变量的数据类型关联的特定特性来操作值。在 ActionScript 中,若要创建一个变量(称为"声明变量"),应使用 var 语句。例如:

var value1:Number;

在本例中,指示计算机创建一个名为"value1"的变量,该变量仅保存 Number 类型的数据("Number"是在 ActionScript 中定义的一种特定数据类型)。

还可以立即在变量中存储一个值,例如,var value2:Number=17;

在 Adobe Flash Professional 中,还有另外一种变量声明方法,就是在将一个影片剪辑元件、按钮元件或文本字段放置在舞台上时,可以在"属性"窗口中为它指定一个实例名称。这样 Flash 将在后台创建一个与该实例名称同名的变量,可以在 ActionScript 代码中使用该变量来引用这个舞台项目。例如,一个影片剪辑元件放在舞台上并指定了实例名称"rocketShip",那么,只要在 ActionScript 代码中使用变量 rocketShip,实际上就是在处理该影片剪辑。

(2) 变量的作用域。

作用域是指能够在其中通过引用变量的名称访问变量数据的区域或范围。变量分为全局变量和局部变量。

全局变量是指在代码的所有区域都能引用到的变量,是在函数和类之外定义的。例如:

var strGlobal:String="Global";　　//定义在函数外,是全局变量
function scopeTest()
{
　　trace(strGlobal);　　//输出 Global
}
scopeTest();
trace(strGlobal);　　　//输出 Global

可以通过在函数定义内部声明变量来将它声明为局部变量。可定义局部变量的最

小代码区域就是函数定义。在函数内部声明的局部变量仅存在于该函数中。例如,如果在名为 localScope()的函数中声明一个名为 str2 的变量,该变量在该函数外部将不可用。

```
function localScope()
{
    var strLocal:String="local";
}
localScope();
trace(strLocal);//出错,因为未在全局定义 strLocal
```

(3) 变量的默认值。

"默认值"是在设置变量值之前变量中包含的值。首次设置变量的值实际上就是"初始化"变量。如果声明了一个变量,但是没有设置它的值,则该变量便处于"未初始化"状态,未初始化的变量的值取决于它的数据类型。表 1-2-4 说明了变量的默认值,并按数据类型对这些值进行组织。

表 1-2-4 变量默认值

数据类型	默认值
Boolean	false
int	0
Number	NaN
Object	null
String	null
uint	0
未声明(与类型注释 * 等效)	undefined
其他所有类(包括用户定义的类)	null

关于变量的更多内容参见帮助文档中"学习使用 ActionScript 3.0"下的"ActionScript 语言及语法"下的"变量"。

(4) 常量的定义。

常量也是一个名称,表示计算机内存中具有指定数据类型的值,就这一点而言,常量与变量极为相似。不同之处在于,在 ActionScript 应用程序运行期间只能为常量赋值一次。一旦为某个常量赋值之后,该常量的值在整个应用程序运行期间都保持不变。常量声明语法与变量声明语法相同,只不过是使用"const"关键字而不使用"var"关键字:

```
const SALES_TAX_RATE:Number=0.07;
```

常量可用于定义在项目内多个位置使用的值,并且此值在正常情况下不会更改。使用常量而不使用字面值能让代码更加便于理解。例如,价格乘以 SALES_TAX_RATE 的代码行相对于价格乘以 0.07 的代码行更加易于理解。此外,如果确实需要更改通过常量定义的值,则只需在一个位置(常量声明)更改该值,不需在不同位置更改该值。

6. 运算符

运算符是一种特殊的函数,它们具有一个或多个操作数并返回相应的值。"操作数"是被运算符使用输入的值,通常是字面值、变量或表达式。例如,在下面的代码中,将加法运算符(+)和乘法运算符(*)与三个字面值操作数(2、3 和 4)结合使用来返回一个值。赋值运算符(=)随后将所返回的值 14 赋给变量 sumNumber。

var sumNumber:uint=2+3*4;//uint=14

运算符可以是一元、二元或三元的。"一元"运算符只有一个操作数,例如,递增运算符(++)就是一元运算符,因为它只有一个操作数。"二元"运算符有两个操作数。例如,除法运算符(/)有 2 个操作数。"三元"运算符有三个操作数。例如,条件运算符(?:)具有 3 个操作数。

var value1:int=1;

value1++;//2

value1=7>6? 10:11;//10   这是条件运算符(?:)的一个例子,因为 7>6 成立,因此 value1 的值是 10。

(1) 运算符的行为。

有些运算符是"重载的",这意味着它们的行为因传递给它们的操作数类型或数量不同而不同。例如,加法运算符(+)就是一个重载运算符,其行为因操作数的数据类型而异。如果两个操作数都是数字,则加法运算符会返回这些值的和。如果两个操作数都是字符串,则加法运算符会返回这两个操作数连接后的结果。下面的示例代码说明加法运算符的行为如何因操作数的数据类型而异:

trace(5+5);   //10

trace("5"+"5");//55

运算符的行为还可能因所提供的操作数的数量而异。减法运算符(-)既是一元运算符又是二元运算符。对于减法运算符,如果只提供一个操作数,则该运算符会对操作数求反并返回结果;如果提供两个操作数,则减法运算符返回这两个操作数的差。下面的示例代码说明减法运算符的行为因操作数的数量而异。

trace(-3);   //-3,作为一元运算符

trace(7-2);//5,作为二元运算符

(2) 运算符的优先级和结合律。

运算符的优先级和结合律决定了运算符的处理顺序。

例如这样一个表达式:

a*b+c*d;

当程序进行运算时,会先计算 a×b,然后计算 c×d,最后将结果相加。这和数学中的运算顺序是一样的,所以说乘法的运算优先级比加法高。在不确定或者想要改变优先级的话可以使用()运算符,就像数学中那样。

表 1-2-5 按优先级递减的顺序列出了 ActionScript 3.0 中的运算符。该表内同一行中的运算符具有相同的优先级,每行运算符都比位于其下方的运算符的优先级高。

表 1-2-5　运算符的优先级

组	运算符
主要	[]{x:y}()f(x)newx. yx[y]<></>@:..
后缀	x++x--
一元	++x--x+-~! delete typeof void
乘法	*/%
加法	+-
按位移位	<<>>>>>
关系	<><=>=as in instanceof is
等于	==! ====! ==
按位"与"	&
按位"异或"	^
按位"或"	|
逻辑"与"	&&
逻辑"或"	||
条件	?:
赋值	=*=/=%=+=-=<<=>>=>>>=&=^=|=
逗号	,

（3）递增递减运算符。

＋＋(递增)和——(递减)运算符是在循环中常用的运算符,＋＋a 或者 a＋＋可以简单等价为 a＝a＋1,但是＋＋作为前缀和后缀还是有区别的。以"m＝a＊b＋＋;"和"m＝a＊＋＋b;"这两个语句进行说明：

m＝a＊b＋＋;与下面语句等价

m＝a＊b;

b＝b＋1;

而 m＝a＊＋＋b;与下面语句等价

b＝b＋1;

m＝a＊b;

运算符——也是一样的。

可以看出递增递减运算符作为前缀和后缀的区别在于在加"1"的先后顺序,另外要说明的是不是所有的情况都可以这样拆开。简单地说,前缀是先加后用,而后缀是先用后加。

（4）数学运算符。

数学运算符对两个操作数执行加、减、乘、除或求模计算,见表 1-2-6。

表 1-2-6　数学运算符

＋	加法
－	减法
*	乘法
/	除法
%	求模

（5）赋值运算符。

赋值运算符涉及两个操作数，它根据一个操作数的值对另一个操作数进行赋值。

a＋＝b 等价于 a＝a＋b，其他赋值运算符除"＝"外以此类推，见表 1-2-7。

表 1-2-7　赋值运算符

＝	赋值
*＝	乘法赋值
/＝	除法赋值
%＝	求模赋值
＋＝	加法赋值
－＝	减法赋值

（6）关系运算符。

关系运算符涉及两个操作数，它比较两个操作数的值，然后返回一个布尔值，见表 1-2-8。

表 1-2-8　关系运算符

＜	小于
＞	大于
＜＝	小于或等于
＞＝	大于或等于

（7）逻辑运算符。

逻辑运算符涉及两个操作数，这类运算符返回布尔结果，见表 1-2-9。

表 1-2-9　逻辑运算符

&&	逻辑 AND
‖	逻辑 OR

&& 就是常说的与运算，表达式 A&&B，只有 A 与 B 都为真的情况下，运算结果才为真。逻辑运算结果见表 1-2-10。

表 1-2-10　与运算的运算结果

&&	真	假
真	真	假
假	假	假

‖ 就是常说的或运算,表达式 A‖B,只要 A 为真或 B 为真,运算结果就为真。逻辑运算结果见表 1-2-11。

关于运算符的更多内容参见帮助文档中"学习使用 ActionScript 3.0"下的"ActionScript 语言及语法"下的"运算符"。

表 1-2-11　或运算的运算结果

‖	真	假
真	真	真
假	真	假

本章小结

本章介绍了动画脚本语言以及脚本编程的基础,其中脚本中的变量和命名规则可以说跟随着学习者一生,从开始就打下扎实的编程基础,会为后面的学习铺平道路。

课后练习

1. 练习 trace 语句的输出功能。
2. 尝试练习所学习过的所有简单数据类型,并给变量赋值,用 trace 语句输出。

程序基础

如果要程序能够处理复杂的事务,那么就需要根据条件来改变程序的行为。例如,要在一堆东西中找到需要的东西,也许大部分人在物品较少的时候可以在短时间内就完成这个工作,但是仔细想一想,这个工作也是有一定的流程的。

2.1 流程

图 2-1-1 是找物品这个事情的程序流程图。流程图是说明一个程序具体过程的一种方法。菱形代表判断,首先判断是否还有剩余没有检查的物品,如果有就注意一个物品,然后判断是否是要找的,如果是就拿走这个物品然后结束查找,如果不是就排除这个物品然后重做第一个判断。这个过程的结果就是要么最后找到要找的东西,要么检查过所有物品后还没有找到要找的东西。

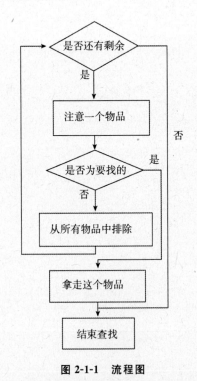

图 2-1-1　流程图

2.1.1 实例演示

本章实例是制作一个简单的贪吃蛇游戏,如图 2-1-2 所示。

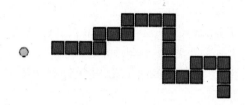

图 2-1-2　贪吃蛇游戏

贪吃蛇游戏的规则很简单,就是控制蛇去吃食物,吃到食物之后蛇会变长。在游戏中如碰到边框或者蛇的身体则游戏结束。

1. 创建蛇的身体和食物

首先在舞台上绘制一个红色方块(正方形),代表蛇的身体,绘制一个绿色的小球代表食物。然后把绿色小球转换为影片剪辑元件,并将实例名称命名为"food",过程参见第一章实例。

下一步将红色方块转换为影片剪辑元件,在转换过程中,相关参数设置如图2-1-3所示。

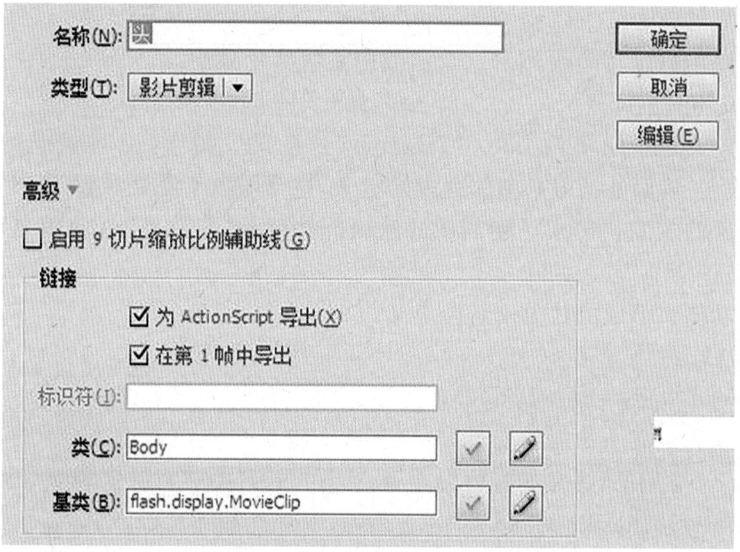

图 2-1-3　将红色方块转换为元件

勾选"为 ActionScript 导出",然后在"类"中填写"Body",这样就在程序中加入了一个 Body 类,并成为身体的影片剪辑。当创建了这个类的实例并加入舞台中之后就能在舞台上加入一个这个元件的实例了。如果在创建影片剪辑时忘记了这一步也没有关系,可以在"库"中右击该影片剪辑,在弹出菜单中选择"属性",也可以打开这个窗口。

完成了上一步之后,就可以把红色方块从舞台上删除。

2. 定义动态身体和食物

接下来编写代码。在第一帧的图层上右击，在弹出菜单中选择"动作"，打开动作窗口。

在动作窗口的代码区域添加如下代码。

var bodys：Array＝new Array（）；

第一行定义一个数组，用来代表蛇。用数组来代表蛇是因为蛇是由数个蛇的身体元件组成的。

数组是一种数据类型，它能代表多个元素，并允许程序使用下标访问它们，并且下标可以是变量，这样给程序赋予了巨大的灵活性。

var moveDir：int；

第二行定义一个整型变量，用来代表蛇运动的方向。约定 0 代表向右，1 代表向下，2 代表向左，3 代表向上。

stage．addEventListener（Event．ENTER_FRAME，frameListener）；

第三行定义处理播放头事件的函数。"stage"是代表舞台的对象，这个对象不需要特意去定义和创建，它是程序默认存在的。它的类型是"Stage"，通过 stage 对象，可以访问到舞台的各种属性。"Event．ENTER_FRAME"是播放头事件，这个事件在动画的每一帧播放之前发生。

stage．addEventListener（KeyboardEvent．KEY_DOWN，keyListener）；

第四行为舞台定义键盘事件监听，"KeyboardEvent．KEY_DOWN"是当键盘按下时发生的事件。

init（）；

第五行调用自定义函数 init，这个函数用来初始化游戏。

function init（）：void

第六行定义自定义函数 init。"function"是系统关键字，说明要定义一个函数。"init"是函数名，后面的括号是参数列表的定义，这个函数不需要参数，所以只写了一个空括号。接着的"："和"void"说明函数的返回值类型是"void（无）"，也就是没有任何返回值。

函数的功能由下面的代码来具体定义。

｛

var head：Body＝new Body（）；

这一行代码定义一个局部变量"head"，这个变量只能在函数 init 中被访问到。这个变量是 Body 类型的，这是蛇身体的类型，通过"new"关键字创建 Body 的实例。

head．x＝50；head．y＝50；

这一行代码将"head"代表的影片剪辑实例的坐标指定为"（50,50）"。

stage．addChild（head）；

这一行将"head"代表的影片剪辑实例加入到舞台，如图 2-1-4 所示。如果没有这一步，舞台上是不会显示"head"代表的影片剪辑实例的。

bodys［0］＝head；

这一行代码将"head"代表的影片剪辑实例加入到 bodys 数组中。确切地说，是用 bodys 数组的第一个元素代表 head 代表的影片剪辑实例。在 AS3 中数组的第一个元素下标是 0,第二个元素下标是 1⋯⋯第 n 个元素下标是 n−1。通过数组的下标来访问数组的元素时,格式是"数组名[下标]"。

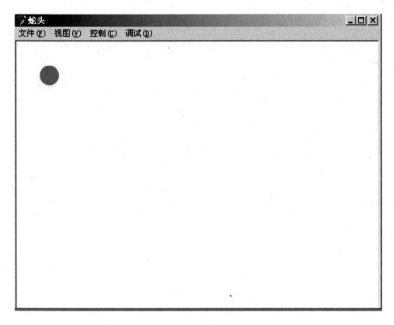

图 2-1-4 "head"加入到舞台

    moveDir=0;
这一行将方向赋值为"0",即向右运动。

    newFoodPoint();
调用自定义函数 newFoodPoint 来将食物设置在舞台内一个随机的位置上。
}
function newFoodPoint():void
定义自定义函数 newFoodPoint。
{

    food.x=Math.random()*(stage.stageWidth−50)+50;
将"food"的 x 坐标设置为舞台宽度范围内的一个随机值。"Math"代表数学库的类,它有许多数学方法可以使用,random 函数会返回一个 0 到 1 之间的随机数,然后将这个数乘以舞台的宽度,就得到一个 0 到舞台宽度的随机数。通过 stage 对象的 stage-Width 属性可以得到舞台的宽度。

    food.y=Math.random()*(stage.stageHeight−50)+50;
将"food"的 y 坐标设置为舞台高度范围内的一个随机值。通过 stage 对象的 stageHeight 属性可以得到舞台的高度。

3. 定义游戏规则
function frameListener(e:Event):void
这个函数用来处理播放头事件,参数"e"是为了符合事件处理函数的格式要求。
{

var newBody：Body＝null；

定义一个变量"newBody"，类型是"Body"，用来代表新的身体。初始值为"null"，"null"代表空。

var i：int；

定义一个变量"i"类型是"int"，用来在下面的循环中控制循环。

var hitBody：Boolean＝false；

定义一个变量"hitBody"，类型是"Boolean"，用来代表是否与自身发生碰撞。初始值为"false"，代表没有碰撞。

if（bodys[0]．hitTestObject（food））

这一行用来判断蛇的头部是否与食物发生碰撞。"if"关键字代表一个判断，判断是一种分支流程，如果"if"后面括号里的表达式是成立的，那么就执行判断后面的语句。"if"后面的括号以及里面的条件表达式是必须有的。

"bodys"代表身体的数组，其中的第一个元素，即下标0代表的元素，代表头。这是在 init 函数中加入到 bodys 数组中的。

"hitTestObject"方法是影片剪辑的一个函数，用来测试某个影片剪辑是否与另一个影片剪辑发生碰撞，如果发生碰撞则返回"true"，否则返回"false"。参数是指要与哪一个影片剪辑发生碰撞，如图 2-1-5 和图 2-1-6 所示。

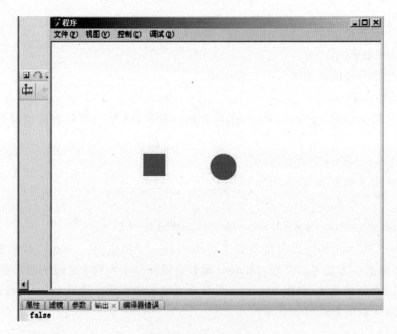

图 2-1-5　没有碰撞

{

这个大括号代表下面的语句块受判断的约束，如果判断为真则执行下面的语句块。

newBody＝new Body（）；

创建一个身体的实例。

newBody．x＝bodys[bodys．length－1]．x；

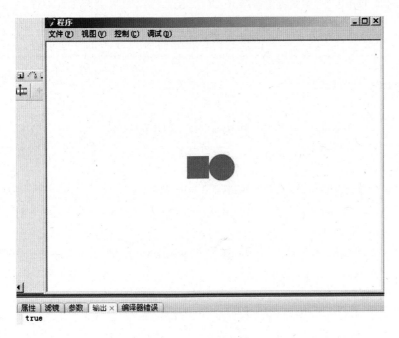

图 2-1-6 发生碰撞

将这个身体实例的 x 坐标值设置为蛇身体最后一节的 x 坐标值。

这里使用"bodys. length"来得到 bodys 数组中有多少个元素,减一是因为数组的第一个元素的下标是 0。如果数组有 3 个元素,则第三个元素的下标是 2,即如果数组中有 n 个元素的话,则数组的最后一个元素的下标是 n−1。

newBody. y＝bodys[bodys. length−1]. y;

将这个身体实例的 y 坐标值设置为蛇身体最后一节的 y 坐标值。

newFoodPoint();

调用自定义函数 newFoodPoint 来将食物设置在舞台内一个随机的位置上。因为上一个食物被吃掉了,所以把"food"换一个地方。

}

这个大括号与 if 后面的大括号成对,表示受 if 约束的语句块到此为止。

for(i＝bodys. length−1;i＞0;i−−){

这是一个 for 循环,在本章中有关于循环的具体讲解。这个循环主要是判断蛇身体的每一节是否与蛇头碰撞,以及移动蛇身体的每一节。

表达式 i−−在这里相当于 i＝i−1;

if(bodys[0]. hitTestObject(bodys[i])){

hitBody＝true;

}

上面判断蛇身体的第 i 节是否与蛇头碰撞,如果是则将记录碰撞的 hitBody 变量设置为"true"。

bodys[i]. x＝bodys[i−1]. x;

因为贪吃蛇的蛇身体是一节追着一节运动的,所以将第 i 节的蛇身体的 x 坐标值设置为蛇身体的第 i-1 节的 x 坐标值。

```
        bodys[i].y＝bodys[i-1].y;
```
将第 i 节的蛇身体的 y 坐标值设置为蛇身体的第 i-1 节的 y 坐标值。
```
    }
    switch(moveDir){
        case 0：
            bodys[0].x+＝ bodys[0].width+1;
            break;
        case 1：
            bodys[0].y+＝ bodys[0].height+1;
            break;
        case 2：
            bodys[0].x-＝ bodys[0].width+1;
            break;
        case 3：
            bodys[0].y-＝ bodys[0].height+1;
            break;
    }
```

switch 语句是根据 switch 后面括号里的值寻找对应 case 分支的一种分支流程语句。这里根据方向的值来让蛇头的坐标进行相关变化。每次移动的距离不应少于方块的边长，因为如果少于方块的边长，将导致后面的方块碰撞前面的方块，也就会导致蛇身体的第二节碰撞第一节，导致错误地重置游戏，如图 2-1-7 所示。

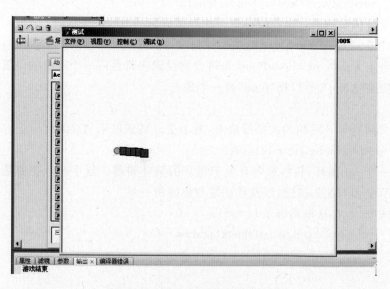

图 2-1-7　移动距离少于方块边长

```
if(newBody! ＝null){
    stage.addChild(newBody);
```

```
        bodys[bodys. length]=newBody;
    }
```
判断：当"newBody"不等于"null"的时候，即蛇头部与"food"发生碰撞，则将新的蛇身体加入到舞台上和蛇身体数组中。

```
    if(hitBody‖bodys[0].x<0‖bodys[0].x>stage.stageWidth‖
        bodys[0].y<0‖bodys[0].y>stage.stageHeight){
```

这个判断由 5 个部分组成，用运算符"‖"链接，这代表"或运算"。"A‖B"的意思是 A、B 中有一个成立则表达式"A‖B"成立。这里的 5 个部分分别代表与自身碰撞、与左边碰撞、与右边碰撞、与上边碰撞和与下边碰撞。

```
        while(bodys. length>0){
            stage. removeChild(bodys[0]);
            bodys. shift();
        }
```

这是一个 while 循环，当条件"bodys. length>0"成立时，就一直循环大括号里的语句。大括号里面的语句第一句与"addChild"相反，是从舞台中移除对象，即从数组的开头移除数组中的元素。

```
        init();
```

因为发生了碰撞，所有游戏重新开始，调用 init 方法来初始化数据。

```
    }
}
function keyListener(e:KeyboardEvent):void
```

定义处理键盘事件的函数，KeyboardEvent 类型包含了键盘事件中相关的一些参数，它的对象 e 是由调用者传递的。

```
{
```

下面的 switch 语句是根据"e. keyCode"来判断按了什么键。通过 keyCode 属性可以访问事件发生时按下的是什么键。具体的键码可以通过 Keyboard 类中的常量来代表，如"Keyboard. RIGHT"代表键盘上右键的键码。

```
    switch(e. keyCode){
        case Keyboard. RIGHT:
            if(moveDir! =2)moveDir=0;
```

这个"if"后面没有跟大括号，所以它只约束它后面紧跟着的一行语句。这个判断的目的是如果向左移动的话是不能直接回头向右移动的。

```
            break;
```

break 关键字指示程序不继续运行下面的代码，直接跳出 switch 代码块。

```
        case Keyboard. DOWN:
            if(moveDir! =3)moveDir=1;
            break;
        case Keyboard. LEFT:
            if(move Dir! =0)moveDir=2;
            break;
```

```
        case Keyboard. UP：
            if(moveDir！＝1)moveDir＝3；
            break；
    }
```
大括号代表 switch 代码块结束。
```
}
```
本案例的完整代码如下。
```
var bodys：Array＝new Array()；
var moveDir：int；
stage. addEventListener(Event. ENTER_FRAME,frameListener)；
stage. addEventListener(KeyboardEvent. KEY_DOWN,keyListener)；
init()；
function init()：void
{
    var head：Body＝new Body()；
    head. x＝50；
    head. y＝50；
    stage. addChild(head)；
    bodys[0]＝head；
    moveDir＝0；
    newFoodPoint()；
}
function newFoodPoint()：void
{
    food. x＝Math. random()*(stage. stageWidth－50)＋50；
    food. y＝Math. random()*(stage. stageHeight－50)＋50；
}
function frameListener(e：Event)：void
{
    var newBody：Body＝null；
    var i：int；
    var hitBody：Boolean＝false；
    if(bodys[0]. hitTestObject(food))
    {
        newBody＝new Body()；
        newBody. x＝bodys[bodys. length－1]. x；
        newBody. y＝bodys[bodys. length－1]. y；
        newFoodPoint()；
    }
    for(i＝bodys. length－1；i＞0；i－－)
```

```
    {
        if(bodys[0].hitTestObject(bodys[i]))
        {
            hitBody=true；
        }
        bodys[i].x=bodys[i-1].x；
        bodys[i].y=bodys[i-1].y；
    }
    switch(moveDir)
    {
        case0：
            bodys[0].x+=  bodys[0].width+1；
            break；
        case 1：
            bodys[0].y+=  bodys[0].height+1；
            break；
        case2：
            bodys[0].x-=  bodys[0].width+1；
            break；
        case3：
            bodys[0].y-=  bodys[0].height+1；
            break；
    }
    if(newBody! =null)
    {
        stage.addChild(newBody)；
        bodys[bodys.length]=newBody；
    }
    if(hitBody || bodys[0].x<0 || bodys[0].x>stage.stageWidth ||
    bodys[0].y<0 || bodys[0].y>stage.stageHeight)
    {
        while(bodys.length>0)
        {
            stage.removeChild(bodys[0])；
            bodys.shift()；
        }
        init()；
    }
}
function keyListener(e：KeyboardEvent)：void
```

```
        {
            switch(e. keyCode)
            {
                case Keyboard. RIGHT：
                    if(moveDir! =2)
                        moveDir=0；
                    break；
                case Keyboard. DOWN：
                    if(moveDir! =3)
                        moveDir=1；
                    break；
                case Keyboard. LEFT：
                    if(moveDir! =0)
                        moveDir=2；
                    break；
                case Keyboard. UP：
                    if(moveDir! =1)
                        moveDir=3；
                    break；
            }
        }
```

代码添加完毕后,按 Ctrl＋Enter 键播放测试影片,可以看到一个红色的方块在向右运动,还有一个不动的绿色小球。使用键盘上的方向键控制红色方块移动,碰到绿色小球后,绿色小球出现在新的位置上,而红色方块后面增加了一个红色方块,并追随第一个红色方块运动,如图 2-1-2 所示。

在这个程序中使用了数组来记录蛇身体,并且通过循环来移动蛇的每一节身体。因为蛇身体的长度是变化的,如果使用为蛇身体的每一节都单独起名的方法局限性较大,且编写代码重复较多,用数组和循环的方法来进行处理,就大量减少了重复代码,并增加了程序的灵活性。

2.1.2 条件流程

1. if...else 语句

使用"if...else"条件语句可以判断一个条件,如果该条件存在,则执行一个代码块,如果该条件不存在,则执行替代代码块。例如,判断 x 的值是否超过 20,如果是,则生成一个 trace()函数,如果不是则生成另一个 trace()函数,可以用如图 2-1-8 所示的流程图表示。

语句代码如下:

```
if(x＞20)
{
    trace("x   is＞20");
```

```
}
else
{
    trace("x    is<=20");
}
```

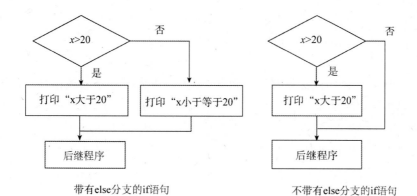

带有else分支的if语句   不带有else分支的if语句

图 2-1-8   if...else 语句流程图

如果不想执行替代代码块,则可以仅使用 if 语句,而不用 else 语句。

```
if(x>20)
{
    trace("x is>20");
}
```

2. if...else if 语句

使用 if...else if 条件语句可以判断多个条件。例如,不仅判断 x 的值是否超过 20,而且还判断 x 的值是否为负数,可以用如图 2-1-9 所示的流程图表示。

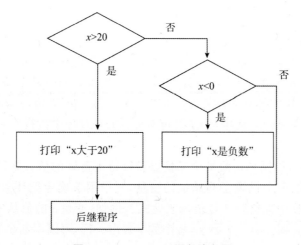

图 2-1-9   if...else if 语句流程图

语句代码如下：

```
if(x>20)
{
    trace("x is>20");
}
else if(x<0)
{
    trace("x is negative");
}
```

如果 if 或 else 语句后面只有一条语句，则无需用大括号括起该语句。例如，下面的代码可以不使用大括号：

```
if(x>0)
    trace("x is positive");
else if(x<0)
    trace("x is negative");
else
    trace("x is 0");
```

但是，建议始终使用大括号，因为以后如果在缺少大括号的条件语句中添加语句，可能会出现无法预期的行为。例如，在下面的代码中，无论条件的计算结果是否为 true，positiveNums 的值总是按 1 递增。

```
var x:int;
var positiveNums:int=0;
if(x>0)
    trace("x is positive");
    positiveNums++;
trace(positiveNums);
```

2.1.3　循环流程

循环语句允许使用一系列值或变量来反复执行一个特定的代码块。建议始终用大括号({})括起代码块，尽管可以在代码块中只包含一条语句时省略大括号，但是正如在介绍条件语句时所提到的那样，不建议这样做。原因也相同，这样会增加无意中将以后添加的语句从代码块中排除的可能性。如果以后添加一条语句，并希望将它包括在代码块中，但忘了加必要的大括号，则该语句不会在循环过程中执行。

1. for 循环

使用 for 循环可以循环访问某个变量以获得特定范围的值。必须在 for 循环语句中提供 3 个表达式：一个设置了初始值的变量，一个用于确定循环何时结束的条件语句，一个在每次循环中都更改变量值的表达式。例如，变量 i 的值从 0 开始到 4 结束，循环 5 次，输出从 0 到 4 的 5 个数字，每个数字各占一行，可以用如图2-1-10所示的流程图表示。

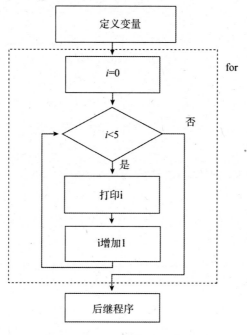

图 2-1-10 for 循环流程图

语句代码如下：var i；int；

for(i＝0；i＜5；i＋＋)

{

    trace(i)；

}

语句执行结果如图 2-1-11 所示。

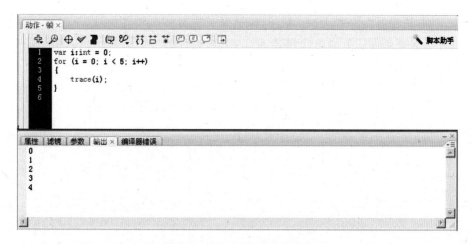

图 2-1-11 for 循环执行结果图

2. while 循环

while 循环与 if 语句相似，只要条件为 true，就会反复执行。下面的代码与 for 循环示例生成的输出结果相同,如图 2-1-12 所示。

```
var i:int=0;
while(i<5)
{
    trace(i);
    i++;
}
```

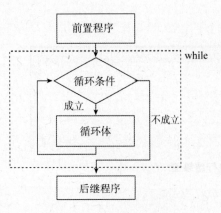

图 2-1-12　while 循环执行结果图

使用 while 循环(而非 for 循环)的一个缺点是,编写 while 循环更容易导致无限循环。如果遗漏递增计数器变量的表达式,则 for 循环示例代码将无法编译,而 while 循环示例代码则可以编译。但没有用来递增 i 的表达式,循环将成为无限循环,如图 2-1-13 所示。

3．do...while 循环

do...while 循环是一种 while 循环,保证至少执行一次代码块,这是因为在执行代码块后才会检查条件。下面的代码是 do...while 循环的一个简单示例,该示例在条件不满足时也会生成输出结果,可以用如图 2-1-14 所示的流程图表示。

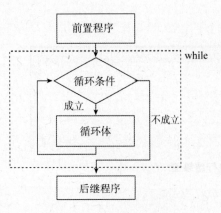
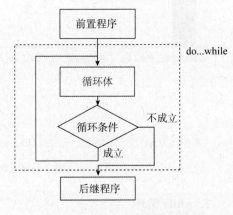

图 2-1-13　无限循环流程图　　　　图 2-1-14　do...while 循环流程图

```
var i:int;
do
{
    trace(i);
    i++;
} while(i<5);
```
语句执行结果如图 2-1-15 所示。

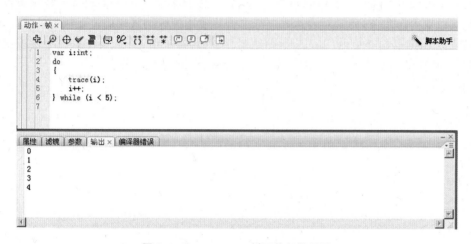

图 2-1-15　do…while 循环执行结果图

现在回头看本章开始时使用的挑选物品的例子,是一个 if 判断和循环的组合应用,流程如图 2-1-16 所示。

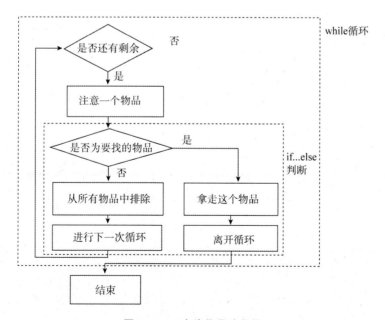

图 2-1-16　查找物品流程图

注意这次的流程图,在判断中有进行下一次循环和离开循环这样的控制命令。在程序中使用 continue 关键字来指示程序忽略此条语句后面所有代码直接开始下一次循环,使用 break 关键字指示程序立即跳出当前的循环,不管后面是否还有其他代码,也不管循环的条件是否还成立。

2.1.4 分支流程

如果多个执行路径依赖于同一个条件表达式,则 switch 语句非常有用。该语句的功能与一长段 if...else if 系列语句类似,但是更易于阅读。switch 语句不是对条件进行测试以获得布尔值,而是对表达式进行求值并使用计算结果来确定要执行的代码块。代码块以 case 语句开头,以 break 语句结尾。例如,基于由 Date. getDay()方法返回的日期值,从而输出星期几,可以用如图 2-1-17 所示的流程图表示。

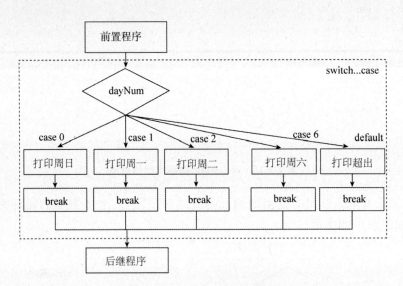

图 2-1-17 switch 语句流程图

语句代码如下:

```
var someDate:Date＝new Date();
var dayNum:uint＝someDate. getDay();
switch(dayNum)
{
    case 0:
        trace("Sunday");
        break;
    case 1:
        trace("Monday");
        break;
    case 2:
        trace("Tuesday");
        break;
```

2 程序基础

```
case 3：
    trace("Wednesday");
    break;
case 4：
    trace("Thursday");
    break;
case 5：
    trace("Friday");
    break;
case 6：
    trace("Saturday");
    break;
default：
    trace("Out of range");
    break;
}
```

如果没有 break 语句，流程图就如图 2-1-18 所示。

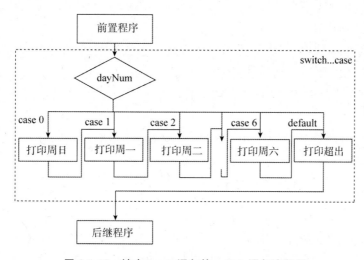

图 2-1-18　缺少 break 语句的 switch 语句流程图

从图 2-1-18 的流程图可以看出，如果走 0 分支，则 1、2、3、4、5、6 及 default 分支都会运行，如果走 2 分支，则 3、4、5、6 及 default 分支都会运行。

因此，switch 语句中，case 分支就是根据分支值使代码转入相应的行，然后一直向下运行，但是可以使用 break 语句来跳出 case 分支。

2.2　函数

函数是执行特定任务并可以在程序中重用的代码块。

1. 调用函数

可以通过使用后跟小括号(())的函数标识符来调用函数,要发送给函数的任何函数参数都包含在小括号中。例如,trace()函数在 ActionScript 3.0 中是一个顶级函数。

trace("Use trace to help debug your script");

如果要调用没有参数的函数,则必须使用一对空的小括号。例如,可以使用没有参数的 Math. random()函数来生成一个随机数。

var randomNum:Number=Math. random();

2. 自定义函数

自定义函数是一段函数语句,以 function 关键字开头,后跟函数名和小括号,小括号中用逗号分隔参数列表,再用大括号括起在调用函数时要执行的 ActionScript 代码。

例如,下面的代码创建一个定义一个参数的函数,然后将字符串"hello"作为参数值来调用该函数。

```
function traceParameter(aParam:String)
{
    trace(aParam);
}


traceParameter("hello");
```

3. 函数的返回值

要从函数中返回值,使用后跟要返回的表达式或字面值的 return 语句。例如,下面的代码返回一个表示参数的表达式。

```
function doubleNum(baseNum:int):int
{
    return(baseNum*2);
}
```

return 语句会终止该函数,因此,不会执行位于 return 语句下面的任何语句,如下所示。

```
function doubleNum(baseNum:int):int{
    return(baseNum*2);
    trace("after return");//这条语句不会被执行
}
```

在严格模式下,如果选择指定返回类型,则必须返回相应类型的值。例如,下面的代码在严格模式下会出现错误,因为它们不返回有效值,如图 2-2-1 所示。

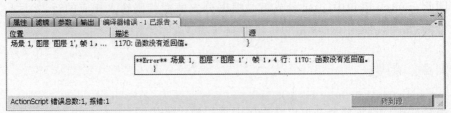

图 2-2-1　生成错误代码

```
function doubleNum(baseNum:int):int
{
    trace("after return");
}
```

4. 嵌套函数

可以嵌套函数,这意味着函数可以在其他函数内部声明。除非将对嵌套函数的引用传递给外部代码,否则嵌套函数将仅在其父函数内可用。例如,下面的代码在 get-NameAndVersion()函数内部声明两个嵌套函数。

```
function getNameAndVersion():String
{
    function getVersion():String
    {
        return"10";
    }
    function getProductName():String
    {
        return "Flash Player";
    }
    return(getProductName()+""+getVersion());
}
trace(getNameAndVersion());
```

在将嵌套函数传递给外部代码时,它们将作为函数闭包传递,这意味着嵌套函数保留在定义该函数时处于作用域内的任何定义。更多详细信息,可以查看函数作用域。

5. 函数参数

在许多编程语言中,一定要了解按值传递参数与按引用传递参数之间的区别,这种区别会影响代码的设计方式。

按值传递参数意味着将参数的值复制到局部变量中以便在函数内使用;按引用传递参数意味着将只传递对参数的引用,而不传递实际值,这种方式的传递不会创建实际参数的任何副本,而是会创建一个对变量的引用并将它作为参数传递,并且会将它赋给局部变量以便在函数内部使用。局部变量是对函数外部变量的引用,它可以更改初始变量的值。

在 ActionScript 3.0 中,所有的参数均按引用传递,因为所有的值都存储为对象。但是,属于基本数据类型(包括 Boolean、Number、int、uint 和 String)的对象具有一些特殊运算符,这使它们可以像按值传递一样工作。例如,下面的代码创建一个名为 passPrimitives()的函数,该函数定义了两个类型均为 int、名称分别为 xParam 和 yParam 的参数。这些参数与在 passPrimitives()函数体内声明的局部变量类似。当使用 xValue 和 yValue 参数调用函数时,xParam 和 yParam 参数将用对 int 对象(由 xValue 和 yValue 表示)的引用进行初始化。因为参数是基本值,所以它们像按值传递一样工作。尽管 xParam 和 yParam 最初仅包含对 xValue 和 yValue 对象的引用,但是,对函数体内变量的任何更改都会导致在内存中生成这些值的新副本。

```
function passPrimitives(xParam:int,yParam:int):void
{
    xParam++;
    yParam++;
    trace(xParam,yParam);
}
var xValue:int=10;
var yValue:int=15;
trace(xValue,yValue);//输出 xValue 和 yValue 的值分别为 10,15
passPrimitives(xValue,yValue);//passPrimitives()函数参数的值分别变为
11,16
trace(xValue,yValue);//输出 xValue 和 yValue 的值分别为 10,15
```

在 passPrimitives()函数内部,xParam 和 yParam 的值递增,但这不会影响 xValue 和 yValue 的值,如上一条 trace 语句所示。即使参数的命名与 xValue 和 yValue 变量 的命名完全相同也是如此,因为函数内部的 xValue 和 yValue 将指向内存中的新位置, 这些位置不同于函数外部同名的变量所在的位置。

其他所有对象(即不属于基本数据类型的对象)始终按引用传递,这样就可以更改 初始变量的值。例如,下面的代码创建一个名为 objVar 的对象,该对象具有两个属 性——x 和 y,该对象作为参数传递给 passByRef()函数。因为该对象不是基本类型, 所以它不但按引用传递,而且还保持一个引用。这意味着对函数内部的参数的更改会 影响到函数外部的对象属性。

```
function passByRef(objParam:Object):void
{
    objParam.x++;
    objParam.y++;
    trace(objParam.x,objParam.y);
}
var objVar:Object={x:10,y:15};
trace(objVar.x,objVar.y);//输出 objVar.x 和 objVar.y 的值分别为 10,15
passByRef(objVar);//passByRef()函数参数的值分别变为 11,16
trace(objVar.x,objVar.y);//输出 objVar .x 和 objVar.y 的值分别为 11,16
```

objParam 参数与全局 objVar 变量引用相同的对象。在本示例的 trace 语句中可 以看到,对 objParam 对象的 x 和 y 属性所做的更改将反映在 objVar 对象中。

6. 默认参数值

在 ActionScript 3.0 中,可以为函数声明默认参数值。如果在调用具有默认参数 值的函数时省略了具有默认值的参数,那么,将使用在函数定义中为该参数指定的值。 所有具有默认值的参数都必须放在参数列表的末尾。指定为默认值的值必须是编译时 常量。如果某个参数存在默认值,其效果会使该参数成为可选参数。没有默认值的参 数被视为必需参数。

例如,下面的代码创建一个具有三个参数的函数,其中的两个参数具有默认值。当

仅用一个参数调用该函数时，将使用这些参数的默认值。

```
function defaultValues(x:int,y:int=3,z:int=5):void
{
    trace(x,y,z);
}
defaultValues(1);
```

7. 函数作用域

函数的作用域不但决定了可以在程序中的什么位置调用函数，而且还决定了函数可以访问哪些定义。适用于变量标识符的作用域规则同样也适用于函数标识符。在全局作用域中声明的函数在整个代码中都可用。例如，ActionScript 3.0 包含可在代码中的任意位置使用的全局函数，如 isNaN() 和 parseInt()。嵌套函数（即在另一个函数中声明的函数）可以在声明它的函数中的任意位置上使用。

本章小结

本章学习了流程控制语句以及函数的使用方法，其中流程控制语句可以说是所有程序逻辑部分的核心，而函数则是编写模块化代码的基础。对于面向对象的编程来说，这两个部分可以说是编程的基础。

课后练习

1. 编写一个加的函数，函数原形为：function myAdd(a:int,b:int):int。
函数的作用是能够将 a 和 b 加在一起并返回给函数结果。

2. 编写一个求立方体体积的函数，函数原形为：function volumeCube(width:int,length:int,height:int):int。

其中参数分别为立方体的宽、长、高，要求函数能求出体积并返回给函数的结果。

面向对象的设计

面向对象的设计是程序设计领域关注的热点,它是现在软件开发的主流概念,已经不仅仅应用在程序开发的范围,在交互式界面、应用结构、应用平台、分布式系统、网络管理结构、CAD 技术、人工智能等领域也能看到它的应用。面向对象的设计在未来很长一段时间都会是软件开发的主导思想。

3.1 类与对象

3.1.1 相关知识

1. 类的简述

类指具有相同特点行为属性的一类事物的总称,而对象指这一类事物中的某个个体。例如张三是人类的对象,苹果是水果的对象,奥迪是车的对象等。面向对象的编程和以上例子相似,用程序编写一个有着属性行为的类,就可以用这个类构造出它的实际的对象。

2. 使用工具添加类

打开 Adobe Flash Professional CS5,会出现如图 3-1-1 所示的显示面板。

选择"新建"项下的"ActionScript 3.0 类",会出现如图 3-1-2 所示的对话框,可以创建 ActionScript 3.0 类。

在"类名称"处填写"CBase",单击"确定"按钮,会弹出如图 3-1-3 所示的代码编辑框,向导已经自动创建出类的框架。

按 Alt+S 键把类保存为"CBase.as"。注意文件的名称一定是类名称加上.as 后缀。程序编写规范要求类名称第一个字母大写,开头为大写的 C 代表是 class 类。

3. 分析类的构成

前面创建的 CBase.as 是一个编写得很简单的类,包含了-age 属性和 CBase()方法。类代码如下:

```
package
{
    public class CBase
    {
```

```
    public function CBase()
{

        //constructor code

    }
    public var _age:int;

  }

}
```

图 3-1-1　显示面板

图 3-1-2　创建 ActionScript 3.0 类对话框

package 是包名,例如这个 CBase. as 放入了名为 myPackage 的文件夹内,那么包名就是 package myPackage。又如有个名为 A1 的文件夹内还有个名为 A2 的文件夹,而 CBase. as 放在 A2 文件夹内,那么包名为 package A1. A2。

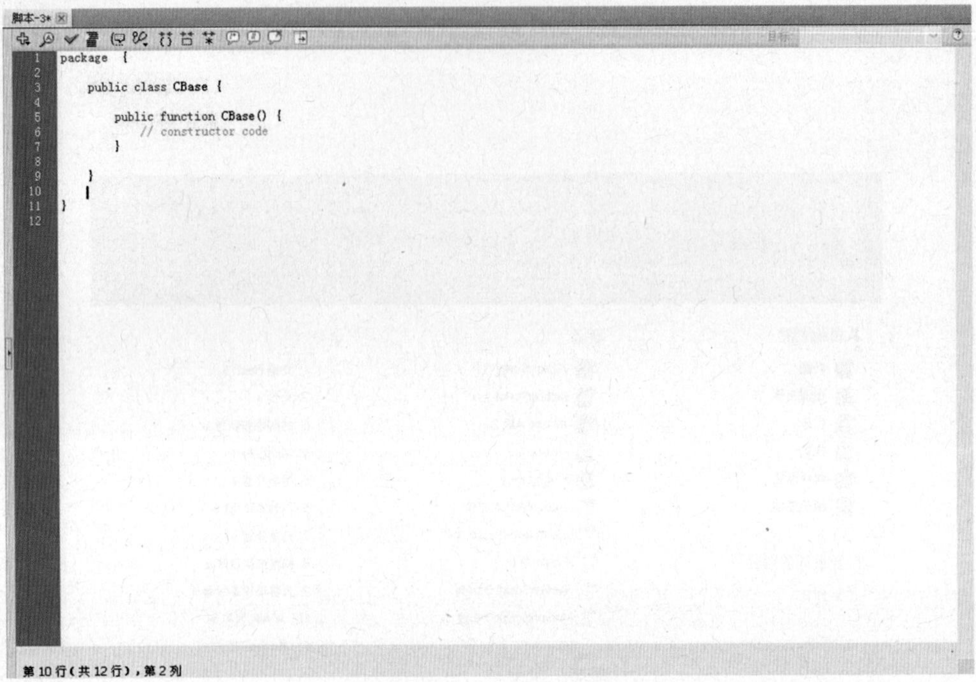

图 3-1-3　代码编辑框

3.1.2　访问权限

CBase 类里,可以看到出现了相同的 3 个单词 public,它是 ActionScript 3.0 的关键字,表示它所修饰的右边数据的访问权限,称为"访问修饰符"。访问修饰符包括 private,public,protected 和 internal。

- private:该属性只有类实例自身可访问。
- public:该属性可以被任何类实例访问。
- protected:该属性只被自身类实例或派生类实例访问。
- internal:该属性可被包内的类实例访问。

如果不加任何访问修饰符,属性会指定为"internal"。大多数情况下,属性被指定为"private"或"protected",类内的函数被指定为"public"。按照习惯约定,"private"和"protected"声明的属性名称都在前面加上下划线。如图 3-1-4 所示。

这个类在实际使用的时候,只要对象用 public 的方法就够了,不必关心这个 public 方法是怎么实现的,这就体现了面向对象具有封装的特性。

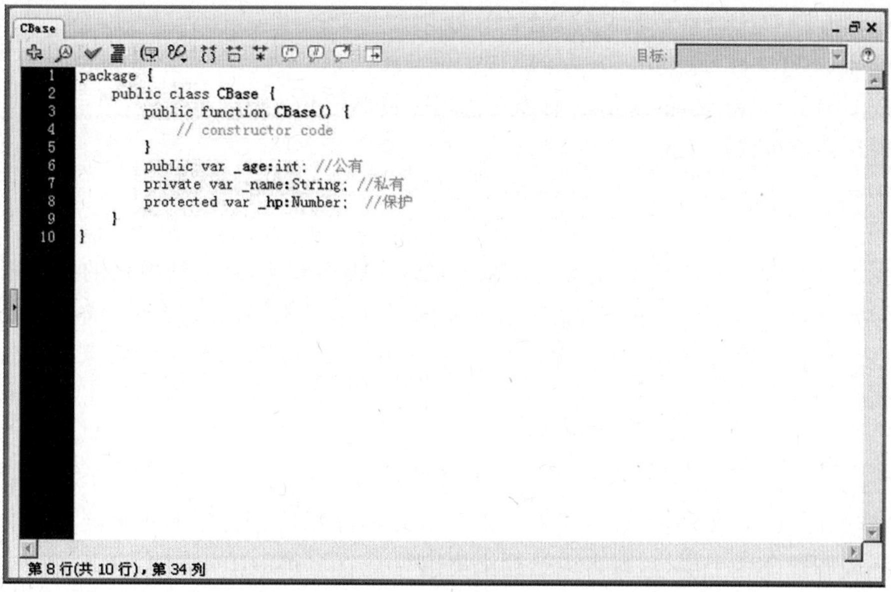

```
package {
    public class CBase {
        public function CBase() {
            // constructor code
        }
        public var _age:int; //公有
        private var _name:String; //私有
        protected var _hp:Number;  //保护
    }
}
```

图 3-1-4　各种访问修饰符的访问权限

3.1.3　构造函数

在 CBase 类中可以看到一个名为 CBase 的函数,这个特殊的函数叫构造函数。

每个类都有个和自己类名相同的方法,该方法称为构造函数,它用来在创建新的对象时进行初始化工作。在 ActionScript 3.0 中,所有构造函数的访问权限都是 public,和标准的方法不同,构造函数不能有返回值,也不能声明有返回类型。

构造函数的特点有:函数名和类名相同,访问权限是 public 类型,无返回值,在类的对象被创建时会被使用。

下面演示构造函数的使用方法。首先在 as 文件(类文件)中编写以下代码:

```
package
{
    public class CBase
    {
        public function CBase()
        {
            //constructor code
            trace("构造函数被使用了");
        }
        public var _age:int=100;
    }
}
```

然后新建一个 ActionScript 3.0 项目,将 as 文件放到与新建项目相同的目录下,并在第一帧上添加以下代码:

```
import CBase;
```

```
var myBase:CBase＝new CBase;
trace(myBase._age);
```
按 Ctrl＋Enter 键输出动画,可以看到以下输出语句:
构造函数被使用了
100

在上面的例子中,CBase 是类,myBase 是这个类的对象,后面所要做的所有工作都是针对于 myBase 这个对象进行的。假如使用了这个对象里的成员 age 或者其他的方法,可以使用“.”操作符,例如 myBase.age 就代表了 myBase 这个实际对象里的 age 的值是多少。

3.1.4　getter 和 setter

在设计类的时候,类的成员属性一般是 private 访问权限,那么使用该类的对象无法访问或者修改这个值,这时可以给这个类编写 getter 和 setter 方法。

这里需要注意的是 getter 和 setter 虽然是方法,但是在使用的时候不加括号,直接当做变量来使用。

下面的代码演示了 getter 和 setter 的使用方法。

```
package
{
    public class CBase
    {
        public function CBase()
        {
            //constructor code
            trace("构造函数被使用了");
        }
        private var _age:int＝100;
        public function set setAge(a:int):void
        {
            _age＝a;
        }
        public function get getAge():int
        {
            return _age;
        }
    }
}
```

编译这段代码会发现使用 myBase.age 会发生“试图访问不可访问的属性”的错误,如图 3-1-5 所示。

3　面向对象的设计

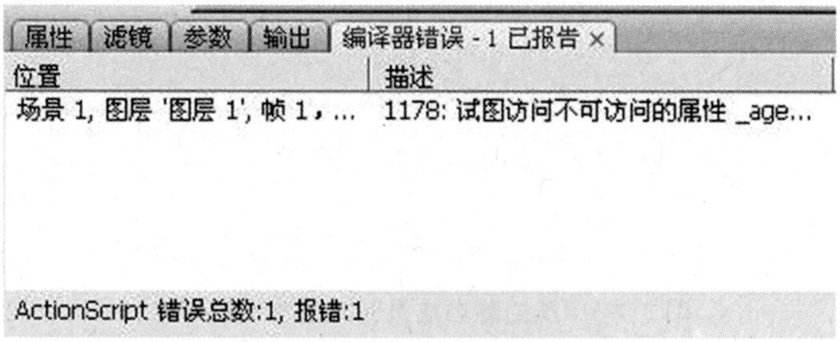

图 3-1-5　属性的错误

想访问或修改 age 属性可以使用 setter 和 getter 方法，可以添加以下代码：

```
import CBase;
var myBase:CBase=new CBase;
myBase.setAge=20;
trace(myBase.getAge);
```

在这段代码中可以发现 setAge 和 getAge 这两个方法被完全作为成员变量来使用。

3.1.5　类的静态成员和方法

设计类中可能会碰到这样的问题，这个类不需要类的对象就能直接访问。解决办法就是使用静态成员和方法，静态成员和方法是被这个类和所有的对象都共享和维护的。例如 Math 这个类，在使用的时候没有创建它的对象，而是直接使用类就能使用类的方法。

在 as 文件中编写以下代码：

```
package
{
    public class CBase
    {
        public function CBase()
        {
            //constructor code
            trace("构造函数被使用了");
        }
        static public var _age:int=100;
    }
}
```

在第一帧上添加以下代码：

```
import CBase;
trace(CBase._age);
```

输出动画，可以看见输出了 100，而 CBase 这个类并没有创建出对象，如图 3-1-6

51

所示。

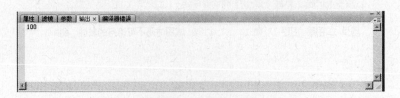

图 3-1-6　类的静态成员和方法输出的结果

3.1.6　类中的 this 对象

在类的非静态方法中可以使用 this 关键字,this 相当于类的对象本身。下面演示如何使用关键字 this。首先在 as 文件中编写以下代码:

```
package
{
    public class CBase
    {
        public function CBase()
        {
            trace(this._a);
        }
        public var _a:int=10;
    }
}
```

创建这个类的对象,可以看见输出了 10,如图 3-1-7 所示。

图 3-1-7　this 对象输出的结果

3.2　动态类

3.2.1　动态类添加成员

动态类用来定义在运行时可通过添加或者更改属性和方法来改变的对象。也就是一个类的对象,可以再往这个对象中加入成员变量或者方法,但是不会影响到这个类自身的属性。

通过使用 dynamic 属性来创建动态类。以下代码创建了一个动态类：

```
package
{
    dynamic public class CBase
    {
        public function CBase()
        {
            //constructor code
            trace("构造函数被使用了");
        }
    }
}
```

创建这个动态类的实例对象，并且往对象中加入成员变量就简单多了，不需要使用关键字"var"指出该语句是声明的语句，而直接在对象后用"."符号添加成员名，然后使用赋值符号给其赋值即可。具体添加以下代码：

```
import CBase;
var cb:CBase＝new CBase;
cb.myData＝50;
trace(cb.myData);
```

其中 myData 为给动态类新添加的成员，仅限 cb 这个对象使用。输出动画，可以看到以下输出语句，如图 3-2-1 所示。

图 3-2-1　动态类添加成员输出的结果

3.2.2　动态类添加方法

给动态类添加方法有以下几种方式。

（1）定义一个函数语句，把函数名称赋值给对象的动态函数名。

```
function fun(a:int):void
{
    trace(a);
}
cb.myFun＝fun;
cb.myFun(12);
```

（2）声明一个函数类型的变量，把这个变量赋值给对象的动态函数名。

```
var fun:Function＝function(a:int)
```

```
{
trace(a);
};
cb. myFun＝fun;
cb. myFun(12);
```
（3）直接使用函数表达式为对象的动态函数名赋值。
```
cb. myFun＝function(a:int)
{
trace(a);
};
cb. myFun(12);
```

3.2.3　动态类删除成员

使用关键字 delete 可以删除一个动态成员。具体添加下面的代码。
```
import CBase;
var cb:CBase＝new CBase;
cb. myData＝50;
trace(cb. myData);
delete cb. myData;
trace(cb. myData);
```
输出动画可以看见输出了 undefined，如图 3-2-2 所示。

图 3-2-2　动态类删除成员输出的结果

第二次输出 myData 数据的值变为了"undefined"，Flash 播放器的内存回收机制是当动态成员被标记了"delete"后，内存管理对象会给这个动态成员标记上内存可回收的信息，在下一次的内存回收中，便会回收它。虽然"delete"不是即时发生的，但只要标注上"delete"，立刻访问这个动态成员，它的值也会变为"undefined"。

3.3　类的继承

继承是高级编程语言特有一种编程形式，允许程序员基于现有类开发新类。现有类通常称为"基类"、"超类"或"父类"，新类通常称为"子类"。继承的主要优势是，允许重复使用基类中的代码，但不修改现有代码。此外，继承不要求改变其他类与基类交互的方式,不必修改已经过彻底测试或可能已被使用的现有类。使用继承可将该类视为一个集成模块,可使用其他属性或方法对它进行扩展。使用 extends 关键字使类从另一类继承。

3.3.1 成员和方法的继承

实例对象的属性,无论是使用 function、var 还是使用 const 关键字定义的,只要在基类中未使用 private 属性(attribute)声明该属性(property),这些属性都可以由子类继承。具体添加以下代码:

```
class Shape
{
    public var a:int=1;
    private var b:int=2;
}

class Circle extends Shape
{
    private var radius:Number=1;
    function fun():void
    {
    trace(this. a);
    //trace(this. b)不能访问基类的 private 成员
    }
}
```

构造 Circle 的对象并使用 fun 方法,可以使用变量 a 而不能使用变量 b,原因是 a 的访问权限属性是"public",b 的访问权限属性是"private"。

这里要特别注意的是静态属性不由子类继承。这意味着不能通过子类的实例对象访问静态属性,但是定义静态属性的类体及该类的任何子类可直接访问静态属性。

3.3.2 final

当编写的一个类不需要被继承,可以在声明类的时候加上关键字 final,具体添加以下代码:

```
final public class Circle
{
    private var radius:Number=1;
    public function area():Number
    {
        return (Math. PI*(radius*radius));
    }
}
```

3.3.3 覆盖方法

1. 覆盖方法

覆盖方法表示重新定义已继承方法的行为。静态方法不能继承，也不能覆盖。但实例方法可由子类继承，也可覆盖，需要符合以下两个条件：

(1) 实例方法在基类中不是使用 final 关键字声明的。当 final 关键字与实例方法一起使用时，该关键字指明设计目的是要禁止子类覆盖方法。

(2) 实例方法在基类中不是使用 private 访问修饰符声明的。如果某个方法在基类中标记为 private，则在子类中定义同名方法时不需要使用 override 关键字，因为基类方法在子类中不可见。

2. 使用 override 关键字

要覆盖符合条件的实例方法，子类中的方法定义必须使用 override 关键字，且必须在以下几个方面与方法的基类版本相匹配：

(1) 覆盖方法必须与基类方法具有相同级别的访问控制。标记为内部的方法与没有访问修饰符的方法具有相同级别的访问控制。

(2) 覆盖方法必须与基类方法具有相同的参数数。

(3) 覆盖方法参数必须与基类方法参数具有相同的数据类型注释。

(4) 覆盖方法必须与基类方法具有相同的返回类型。

覆盖方法中的参数名不必与基类中的参数名相匹配，只要参数数量和每个参数的数据类型相匹配即可。

下面的例子演示了圆和方继承于形状，并且覆盖了形状的 area 方法。

```
class Shape
{
    public function area():Number
    {
        returnNaN;
    }
}


class Circle extends Shape
{
    private var radius:Number=1;
    override public function area():Number
    {
        return (Math.PI*(radius*radius));
    }
}


class Square extends Shape
{
```

```
        private var side:Number=1;
        override public function area():Number
        {
                return(side * side);
        }
}
var cir:Circle=new Circle();
trace(cir. area());//输出:3.141592653589793
var sq:Square=new Square();
trace(sq. area());//输出:1
```

编译以上代码可以发现圆和方的 area 方法全部使用了自己的方法,并没使用基类的方法。这种同一方法在不同的类中有不一样的用法也叫做"多态"。

3.4 接口

3.4.1 接口的定义

接口是方法声明的集合,以使不相关的对象能够彼此通信。

接口的基础是方法的接口与方法的实现之间的区别。方法的接口包括调用该方法必需的所有信息,包括方法名、所有参数和返回类型。方法的实现不仅包括接口信息,而且还包括执行方法行为的可执行语句。接口定义只包含方法的接口,实现接口的所有类负责定义方法的实现。接口定义的结构类似于类定义的结构,只是接口只能包含方法但不能包含方法体。接口不能包含变量或常量,但是可以包含 getter 和 setter。要定义接口,使用 interface 关键字。例如以下代码定义了一个接口 IBase。

```
public interface IBaseData
{
        function writeData(a:int):void;
        function readData(a:int):void;
}
```

3.4.2 接口的实现

类是唯一可实现接口的 ActionScript 3.0 语言元素。在类声明中使用 implements 关键字可实现一个或多个接口,如果要实现多个接口,一个接口以后都使用","分割符号,下面的代码定义了两个接口 IAlpha 和 IBeta 以及实现这两个接口的类 Alpha:

```
interface IAlpha
{
        function foo(str:String):String;
}
interface IBeta
{
```

```
        function bar():void;
}
class Alpha implements IAlpha,IBeta
{
        public function foo(param:String):String {}
        public function bar():void {}
}
```

在实现接口的类中,实现的方法必须遵循以下几点。

(1) 使用 public 访问修饰符。

(2) 使用与接口方法相同的名称。

(3) 拥有相同数量的参数,每一个参数的数据类型都要与接口方法参数的数据类型相匹配。

(4) 使用相同的返回类型。

本章小结

面向对象的计算机语言几乎都是高级语言。什么是高级语言?高级语言就是更接近人类日常沟通的语言,更符合人类的使用习惯。本章中的一些概念可以用人类类比,人类就是一个很复杂的类,有各种关系,如父与子之间的关系就是继承关系。人类还有一些功能未开发出来,未开发的功能就是接口,哪个接口开发出来了,就可以说实现了接口。

课后练习

联系生活编写一个车的基类——CCar 类,要实现车的基本功能。然后编写 2~4 种不同类型的车继承 CCar 类,并覆盖其中部分方法,以实现自身的特点功能。

4

类库的使用

类库是指已经写好代码模块,并封装好了具有丰富功能的函数的类,ActionScript 3.0 中提供了丰富的类库来供开发者使用,掌握好常用类库是 Flash 开发者的必备知识。

4.1 数组

数组是一种编程元素,它可以看成是一组项目的容器,如一组歌曲。通常,数组中的所有项目都是相同类的实例,但这在 ActionScript 3.0 中并不是必需的。数组中的各个项目称为数组的"元素"。数组可以看成变量的"文件柜",将变量作为元素添加到数组中,就像将文件夹放到文件柜中一样。当文件柜中包含一些文件后,可以将数组当成单个变量使用(就像将整个文件柜搬到其他地方一样);可以将这些变量作为组使用(就像逐个浏览文件夹以搜索一条信息一样);也可以分别访问它们(就像打开文件柜并选择单个文件夹一样)。

4.1.1 创建数组

1. 数组的基本使用

数组存储一系列经过组织的单个或多个值,其中的每个值都可以通过使用一个无符号整数值进行访问。第一个索引始终是数字 0,且添加到数组中的每个后续元素的索引以 1 为增量递增。可以调用 Array 类构造函数或使用数组文本初始化数组来创建索引数组,具体代码演示如下。

(1) 使用 Array 构造函数创建索引数组。

```
var myArray:Array=new Array();
myArray.push("one");
myArray.push("two");
myArray.push("three");
trace(myArray);//输出:one,two,three
```

(2) 使用数组文本创建索引数组。

```
var myArray:Array=["one","two","three"];
trace(myArray);//输出:one,two,three
```

数组中常用的一些方法如图 4-1-1 所示。

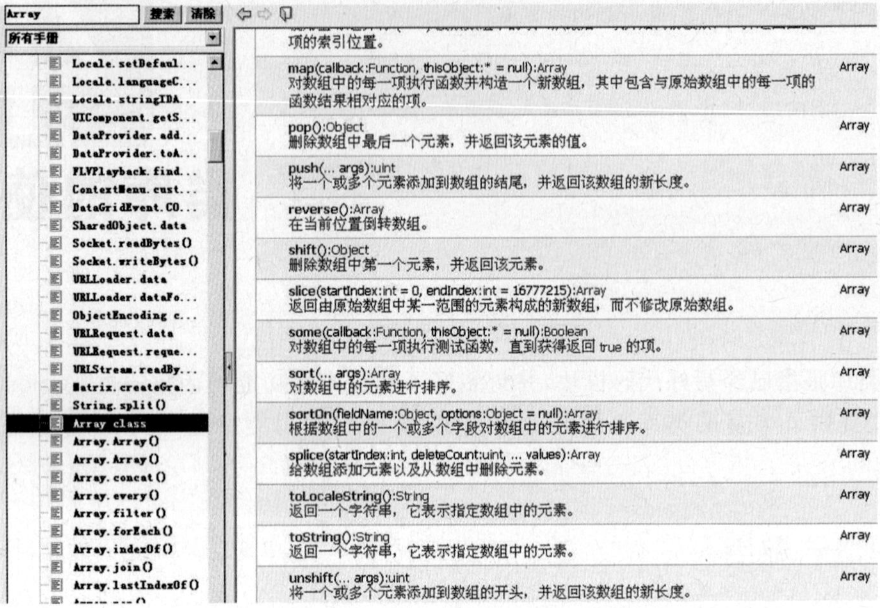

图 4-1-1　数组常用方法

2. 几种初始化数组的方法

Array 构造函数的使用有三种方式。第一种，如果调用不带参数的构造函数，会得到空数组。可以使用 Array 类的 length 属性来验证数组是否不包含元素。例如，以下代码调用不带参数的 Array 构造函数，使用 length 属性输出为 0，说明数组中不包含元素。

var names：Array＝new Array()；

trace(names.length)；//输出：0

第二种，如果将一个数字作为 Array 构造函数的唯一参数，则会创建长度等于此数值的数组，并且每个元素的值都设置为 undefined。参数必须是介于值 0 和 4,294,967,295 之间的无符号整数。例如，以下代码调用带有一个数字参数 3 的 Array 构造函数，创建了一个长度为 3 的数组。

var names：Array＝new Array(3)；

trace(names.length)；//输出：3

trace(names[0])；//输出：undefined

trace(names[1])；//输出：undefined

trace(names[2])；//输出：undefined

第三种，如果调用构造函数并传递一个元素列表作为参数，将创建具有与每个参数对应的元素的数组。例如，以下代码将三个参数传递给 Array 构造函数。

var names：Array＝new Array("one","two","three")；

trace(names.length)；//输出：3

trace(names[0])；//输出：one

trace(names[1])；//输出：two

trace(names[2]);//输出:three

也可以创建具有数组文本或对象文本的数组,可以将数组文本直接分配给数组变量,如以下代码所示。

var names:Array=["one","two","three"];

4.1.2 添加数组数据

可以使用 Array 类的三种方法(push()、unshift()和 splice())将元素插入数组。push()方法用于在数组末尾添加一个或多个元素,也就是说,使用 push()方法在数组中插入的最后一个元素将具有最大索引号。unshift()方法用于在数组开头插入一个或多个元素,并且始终在索引 0 处插入。splice()方法用于在数组中的指定索引处插入任意数目的项目。

下面的代码对三种方法进行了示例说明。它创建一个名为 planets 的数组,以便按照距离太阳的远近顺序存储各个行星的名称。首先,调用 push()方法以添加初始项 Mars;接着,调用 unshift()方法在数组开头插入项 Mercury;最后,调用 splice()方法在 Mercury 之后和 Mars 之前插入项 Venus 和 Earth。传递给 splice()的第一个参数是整数 1,它用于指示从索引号"1"处开始插入;传递给 splice()的第二个参数是整数 0,它表示不应删除任何项;传递给 splice()的第三和第四个参数"Venus"和"Earth"为要插入的项。

var planets:Array=new Array();

planets.push("Mars");   //数组内容:Mars

planets.unshift("Mercury");//数组内容:Mercury,Mars

planets.splice(1,0,"Venus","Earth");

trace(planets);   //数组内容:Mercury,Venus,Earth,Mars

本代码输出结果如图 4-1-2 所示。

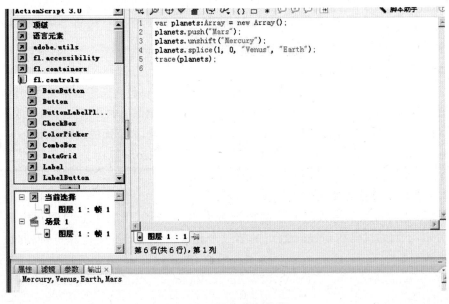

图 4-1-2　添加数组数据

push()和 unshift()方法均返回一个无符号整数,它们表示修改后的数组长度。在用于插入元素时,splice()方法返回空数组,这看上去也许有点奇怪,但考虑到 splice()方法的多用途性,这会更有意义。通过使用 splice()方法,不仅可以将元素插入到数组中,而且还可以从数组中删除元素。用于删除元素时,splice()方法将返回包含被删除元素的数组。

4.1.3 删除数组数据

1. 删除数组的元素

可以使用 Array 类的三种方法(pop()、shift()和 splice())从数组中删除元素。pop()方法用于从数组末尾删除一个元素,也就是说,它将删除位于最大索引号处的元素。shift()方法用于从数组开头删除一个元素,也就是说,它始终删除索引号"0"处的元素。splice()方法既可以用来插入元素,也可以删除任意数目的元素,其操作的起始位置位于由发送到此方法的第一个参数指定的索引号处。

下面的代码对三种方法从数组中删除元素进行了示例说明。它创建一个名为 oceans 的数组,以便存储较大水域的名称。数组中的某些名称为湖泊的名称而非海洋的名称,因此需要将其删除。

首先,使用 splice()方法删除项 Aral 和 Superior,并插入项 Atlantic 和 Indian。传递给 splice()的第一个参数是整数 2,它表示应从列表中的第三个项(即索引 2 处)开始执行操作;第二个参数 2 表示应删除两个项;其余两个参数 Atlantic 和 Indian 是要在索引 2 处插入的值。然后,使用 pop()方法删除数组中的最后一个元素 Huron。最后,使用 shift()方法删除数组中的第一个项 Victoria。

```
var oceans:Array = ["Victoria","Pacific","Aral","Superior","Indian","Huron"];
oceans.splice(2,2,"Arctic","Atlantic");//替换 Aral 和 Superior
oceans.pop();   //删除 Huron
oceans.shift();//删除 Victoria
trace(oceans);   //输出:Pacific,Arctic,Atlantic,Indian
```

本代码输出结果如图 4-1-3 所示。

pop()和 shift()方法均返回已删除的项。由于数组可以包含任意数据类型的值,因此返回值的数据类型为 Object。splice()方法将返回包含被删除值的数组。可以更改 oceans 数组示例,以使 splice()调用将此数组分配给新的数组变量,如下面的代码所示。

```
var lakes:Array=oceans.splice(2,2,"Arctic","Atlantic");
trace(lakes);//输出:Aral,Superior
```

2. delete 运算符的使用方法

delete 运算符用于将数组元素的值设置为 undefined,但它不会从数组中删除元素。例如,下面的代码在 oceans 数组的第三个元素上使用 delete 运算符,但此数组的长度仍然为 5。

```
var oceans:Array=["Arctic","Pacific","Victoria","Indian","Atlantic"];
delete oceans[2];
trace(oceans);            //输出:Arctic,Pacific,,Indian,Atlantic
trace(oceans[2]);         //输出:undefined
```

```
trace(oceans.length);//输出:5
```

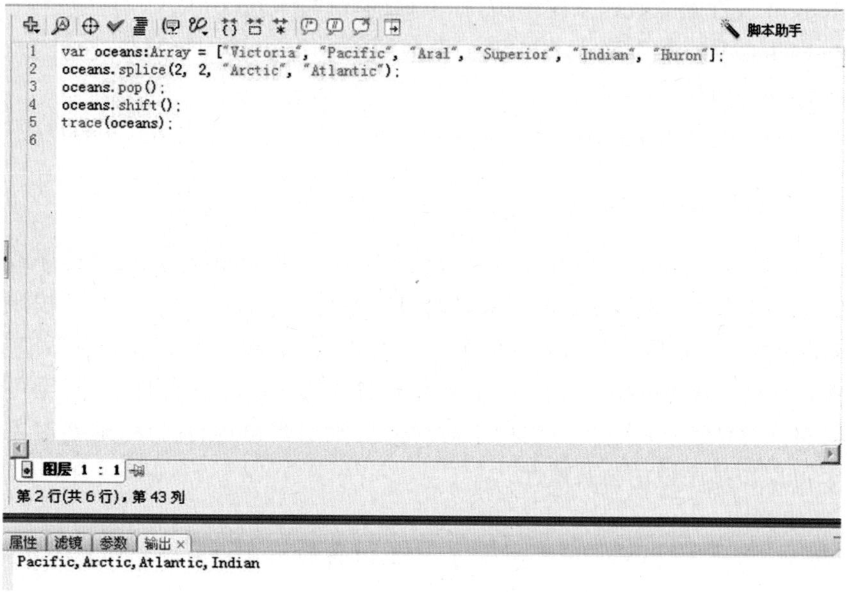

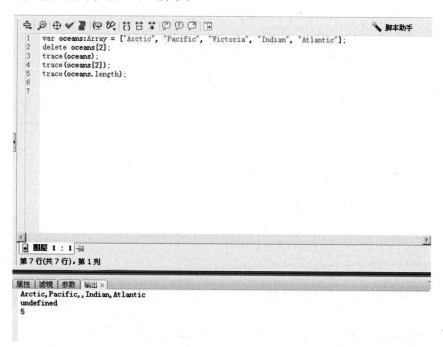

图 4-1-3　删除数组元素

本代码输出结果如图 4-1-4 所示。

图 4-1-4　delete 运算符的使用方法

3. 截断数组

可以使用数组的 length 属性截断数组。如果将数组的 length 属性设置为小于数组当前长度的值,则会截断数组,在索引号高于 length 的新值减 1 处所存储的任何元素将被删除。例如，如果 oceans 数组的排序是将所有有效项放在数组的开始处，则可以使用 length 属性删除数组末尾的项，如下面的代码所示。

```
var oceans:Array=["Arctic","Pacific","Victoria","Aral","Superior"];
oceans.length=2;
trace(oceans);//输出：Arctic,Pacific
```

4.1.4 排序数组元素

可以使用 Array 类的三种方法（reverse()、sort() 和 sortOn()）通过排序或反向排序来更改数组的顺序，这些方法都用来修改现有数组。reverse() 方法用于按照以下方式更改数组的顺序：最后一个元素变为第一个元素，倒数第二个元素变为第二个元素，依此类推。sort() 方法可用于按照多种预定义的方式对数组进行排序，甚至可用来创建自定义排序算法。sortOn() 方法用于对对象的索引数组进行排序，这些对象具有一个或多个可用作排序键的公共属性。

1. 数组倒序

reverse() 方法不带参数，也不返回值，但可以将数组从当前顺序切换为相反顺序。下面的代码示例颠倒 oceans 数组中列出的海洋顺序。

```
var oceans:Array=["Arctic","Atlantic","Indian","Pacific"];
oceans.reverse();
trace(oceans);//输出：Pacific,Indian,Atlantic,Arctic
```

本代码输出结果如图 4-1-5 所示。

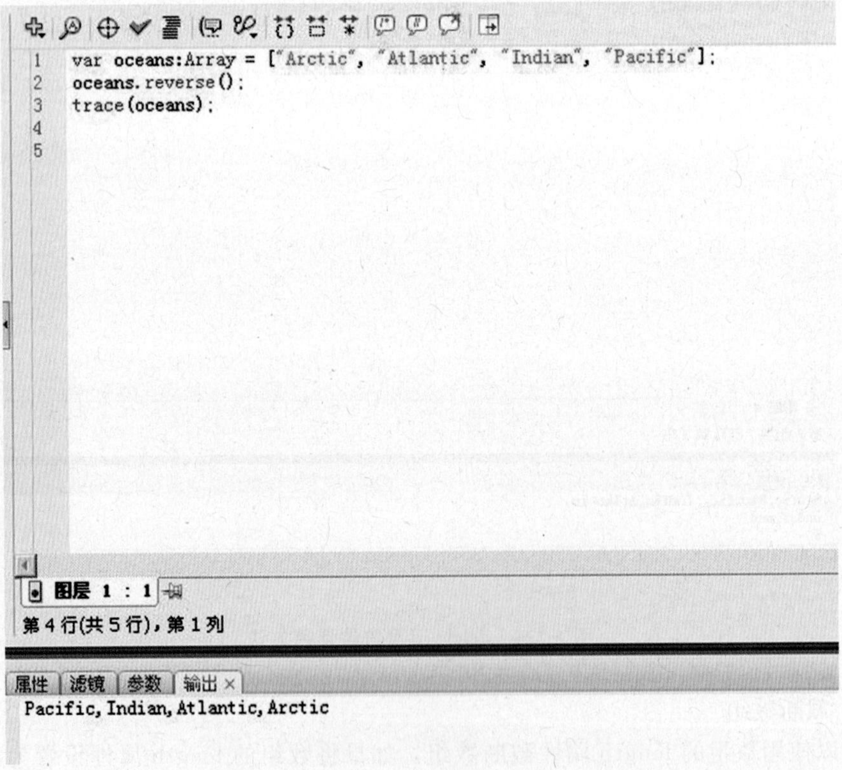

图 4-1-5 数组倒序

2. 数组排序

在不特殊指定的情况下，sort()方法按照"默认排序顺序"重新安排数组中的元素。默认排序顺序具有以下特征：

· 排序区分大小写，也就是说大写字符优先于小写字符。例如，字母 D 优先于字母 d。

· 排序按照升序进行，也就是说低位字符代码优先于高位字符代码。例如字母 A 优先于字母 B。

· 排序将相同的值互邻放置，并且不区分顺序。

· 排序基于字符串，在比较元素之前，先将其转换为字符串。例如，10 优先于 3，因为相对于字符串"3"而言，字符串"1"具有低位字符代码。

如果不区分大小写，或者按照降序对数组进行排序，或者数组中包含数字从而需要按照数字顺序而非字母顺序进行排序，sort()方法具有 options 参数，可通过该参数改变默认排序顺序的各个特征。Options 参数是由 Array 类中的一组静态常量定义的，如下所示：

· Array. CASEINSENSITIVE：用于使排序不区分大小写。例如，小写字母 b 优先于大写字母 D。

· Array. DESCENDING：用于颠倒默认的升序排序。例如，字母 B 优先于字母 A。

· Array. UNIQUESORT：如果发现两个相同的值，此选项将导致排序中止。

· Array. NUMERIC：用于使排序按照数字顺序进行，例如使 3 优先于 10。

下面的代码重点说明了这些选项中的某些选项。创建一个名为 poets 的数组，并使用几种不同的选项对其进行排序。

```
var poets:Array=["Blake","cummings","Angelou","Dante"];
poets. sort();//默认排序
trace(poets);//输出:Angelou,Blake,Dante,cummings
poets. sort(Array. CASEINSENSITIVE);
trace(poets);//输出:Angelou,Blake,cummings,Dante

poets. sort(Array. DESCENDING);
trace(poets);//输出:cummings,Dante,Blake,Angelou
poets. sort(Array. DESCENDING | Array. CASEINSENSITIVE);//使用两个
选项
trace(poets);//输出:Dante,cummings,Blake,Angelou
```

本代码输出结果如图 4-1-6 所示。

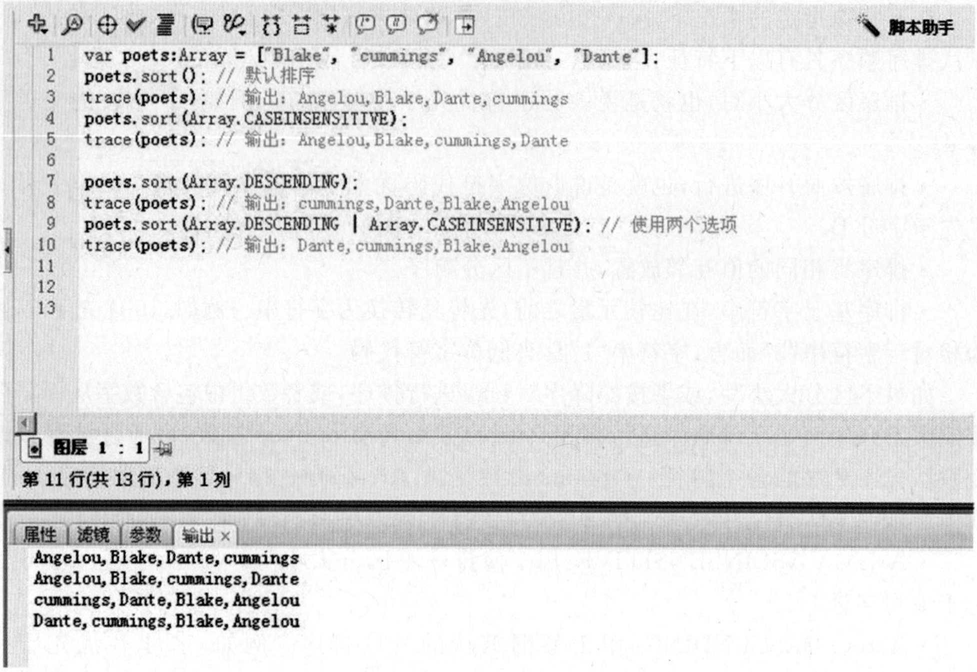

```
 1  var poets:Array = ["Blake", "cummings", "Angelou", "Dante"];
 2  poets.sort(); // 默认排序
 3  trace(poets); // 输出: Angelou,Blake,Dante,cummings
 4  poets.sort(Array.CASEINSENSITIVE);
 5  trace(poets); // 输出: Angelou,Blake,cummings,Dante
 6
 7  poets.sort(Array.DESCENDING);
 8  trace(poets); // 输出: cummings,Dante,Blake,Angelou
 9  poets.sort(Array.DESCENDING | Array.CASEINSENSITIVE); // 使用两个选项
10  trace(poets); // 输出: Dante,cummings,Blake,Angelou
11
12
13
```

图层 1 : 1

第 11 行(共 13 行)，第 1 列

属性 | 滤镜 | 参数 | 输出 ×

```
Angelou,Blake,Dante,cummings
Angelou,Blake,cummings,Dante
cummings,Dante,Blake,Angelou
Dante,cummings,Blake,Angelou
```

图 4-1-6　数组排序

4.1.5　查询数组元素

Array 类中的其余四种方法（concat（）、join（）、slice（）和 toString（））用于查询数组中的信息，而不修改数组。concat（）和 slice（）方法返回新数组，而 join（）和 toString（）方法返回字符串。

1. concat 和 slice 的使用方法

concat（）方法将新数组和元素列表作为参数，并将其与现有数组结合起来创建新数组。slice（）方法有两个名为 startIndex 和 endIndex 的参数，并返回一个新数组，它包含从现有数组分离出来的元素副本。分离从 startIndex 处的元素开始，到 endIndex 处的前一个元素结束。值得强调的是，endIndex 处的元素不包括在返回值中。

下面的代码通过 concat（）和 slice（）方法，使用其他数组的元素创建一个新数组。

var array1：Array＝["alpha","beta"]；

var array2：Array＝array1.concat("gamma","delta")；

trace(array2)；//输出：alpha，beta，gamma，delta

var array3：Array＝array1.concat(array2)；

trace(array3)；//输出：alpha，beta，alpha，beta，gamma，delta

var array4：Array＝array3.slice(2,5)；

trace(array4)；//输出：alpha，beta，gamma

本代码输出结果如图 4-1-7 所示。

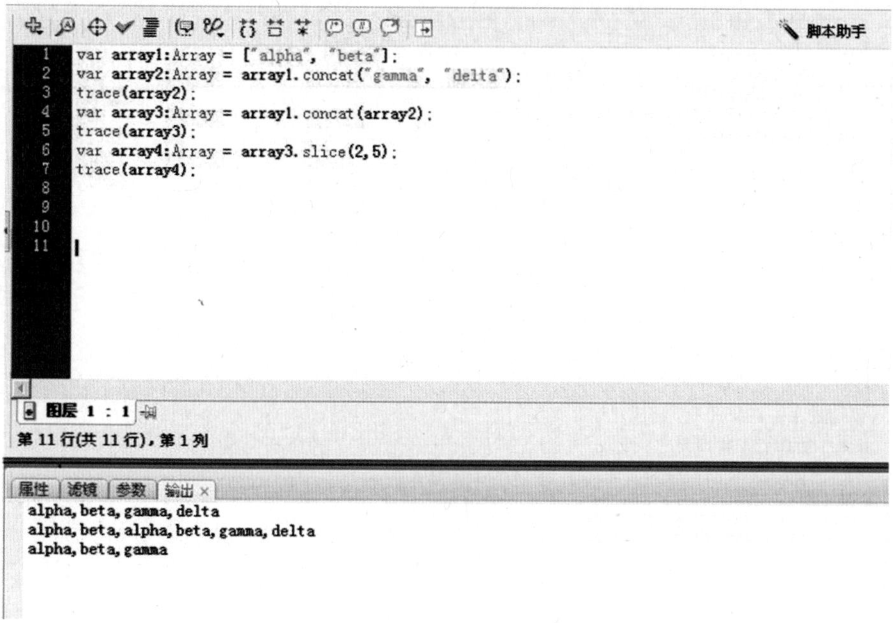

```
1  var array1:Array = ["alpha", "beta"];
2  var array2:Array = array1.concat("gamma", "delta");
3  trace(array2);
4  var array3:Array = array1.concat(array2);
5  trace(array3);
6  var array4:Array = array3.slice(2,5);
7  trace(array4);
8
9
10
11
```

图层 1 : 1

第 11 行(共 11 行)，第 1 列

属性 | 滤镜 | 参数 | 输出 ×

alpha, beta, gamma, delta
alpha, beta, alpha, beta, gamma, delta
alpha, beta, gamma

图 4-1-7　concat 和 slice 的使用方法

2. join 和 toString 的使用方法

可以使用 join() 和 toString() 方法查询数组，并将其内容作为字符串返回。如果 join() 方法没有使用参数，则这两个方法的行为相同，它们都返回包含数组中所有元素的列表（以逗号分隔）字符串。与 toString() 方法不同，join() 方法接受名为 delimiter 的参数；可以使用此参数，选择要用作返回字符串中各个元素之间分隔符的符号。

下面的代码创建名为 rivers 的数组，并调用 join() 和 toString() 以便按字符串形式返回数组中的值。toString() 方法用于返回以逗号分隔的值（riverCSV），而 join() 方法用于返回以＋字符分隔的值。

var rivers:Array=["Nile","Amazon",Yangtze","Mississippi"];

var riverCSV:String=rivers. toString();

trace(riverCSV);//输出：Nile,Amazon,Yangtze,Mississippi

var riverPSV:String=rivers. join("＋");

trace(riverPSV);//输出：Nile＋Amazon＋Yangtze＋Mississippi

本代码输出结果如图 4-1-8 所示。

对 join() 方法，应注意的一个问题是，无论为主数组元素指定的分隔符是什么，嵌套数组返回的值始终以逗号作为分隔符，如下面的代码所示。

var nested:Array=["b","c","d"];

var letters:Array=["a",nested,"e"];

var joined:String=letters. join("＋");

trace(joined);//输出：a＋b,c,d＋e

本代码输出结果如图 4-1-9 所示。

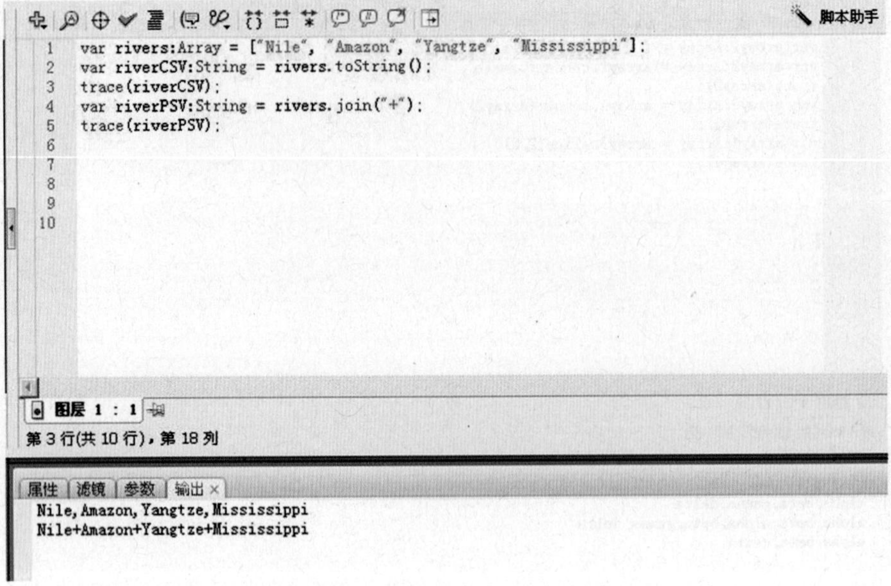

```
1  var rivers:Array = ["Nile", "Amazon", "Yangtze", "Mississippi"];
2  var riverCSV:String = rivers.toString();
3  trace(riverCSV);
4  var riverPSV:String = rivers.join("+");
5  trace(riverPSV);
6
7
8
9
10
```

图层 1 : 1
第 3 行(共 10 行),第 18 列

属性 | 滤镜 | 参数 | 输出 ×
```
Nile, Amazon, Yangtze, Mississippi
Nile+Amazon+Yangtze+Mississippi
```

图 4-1-8   join 和 toString 的使用方法

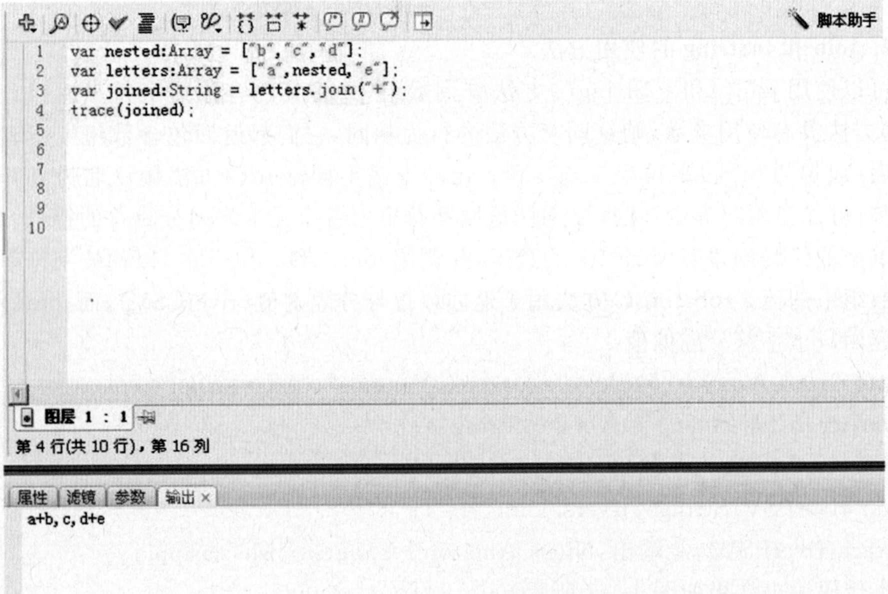

```
1  var nested:Array = ["b","c","d"];
2  var letters:Array = ["a",nested,"e"];
3  var joined:String = letters.join("+");
4  trace(joined);
5
6
7
8
9
10
```

图层 1 : 1
第 4 行(共 10 行),第 16 列

属性 | 滤镜 | 参数 | 输出 ×
```
a+b, c, d+e
```

图 4-1-9   为嵌套数组返回值

4.1.6 多维数组

当一个数组里的元素仍然是数组的时候就构成了多维数组,使用方法和普通数组一样,不过使用索引访问数组的时候访问的是这个数组索引号所保存的数组,如下面的代码所示。

var arr:Array=[["one","two","three"],[1,2]];

```
trace(arr[0][2]);//输出:three
trace(arr[1][0]);//输出:1
```

4.2 字符串

4.2.1 创建字符串

在编程语言中,字符串是指一个文本值,即串在一起而组成单个值的一系列字母、数字或其他字符。例如,下面的代码创建一个数据类型为 String 的变量,并为该变量赋一个文本字符串值。

var albumName:String="Three for the money";

在 ActionScript3.0 中,可使用双引号或单引号将文本引起来以表示字符串值。下面是几个字符串示例。

"Hello"

"555-7649"

"ActionScript 3.0"

在 ActionScript 3.0 中,String 类用于表示字符串(文本)数据,既支持 ASCII 字符也支持 Unicode 字符。创建字符串的最简单方式是使用字符串文本。要声明字符串文本,使用双引号(")或单引号(')字符。例如,下面两个字符串是等效的。

var str1:String="hello";

var str2:String='hello';

还可以使用 new 运算符来声明字符串,如下所示。

var str1:String=new String("hello");

var str2:String=new String(str1);

var str3:String=new String();   //str3==""

下面的两个字符串是等效的。

var str1:String="hello";

var str2:String=new String("hello");

在使用单引号(')分隔符定义的字符串文本内使用单引号('),或在使用双引号(")分隔符定义的字符串文本内使用双引号("),文本内的引号前要使用反斜杠转义符(\)。下面的两个字符串是等效的。

var str1:String="That's\"A-OK\"";

var str2:String='That\'s"A-OK"';

也可以根据字符串文本中存在的任何单引号或双引号来选择使用单引号或双引号,下面是使用示例。

var str1:String="ActionScript<span'class='heavy'>3.0</span>";

var str2:String='<item id="155">banana</item>';

ActionScript 3.0 可区分单直引号(')和左右单引号('或')。对双引号也同样如此,因此要使用直引号来分割字符串文本。在将文本从其他来源粘贴到脚本中时,要确保使用正确的字符。

4.2.2　length 属性

length 属性是指字符串的长度，每个字符串都有 length 属性，其值等于字符串中的字符数，如下面的代码所示。

```
var str:String="Adobe";
trace(str.length);              //输出:5
```

空字符串和 null 字符串的 length 属性值均为 0，如下面的代码所示。

```
var str1:String=new String();
trace(str1.length);             //输出:0
var str2:String=";
trace(str2.length);             //输出:0
```

4.2.3　字符

1. 处理字符串中的字符

字符串中的每个字符在字符串中都有一个索引位置，第一个字符的索引位置为 0。例如，在字符串"yellow"中，字符 y 的位置为 0，而字符 w 的位置为 5。

使用 charAt()方法和 charCodeAt()方法可以检查字符串各个位置上的字符，如下面的代码所示。

```
var str:String="hello";
for(var i:int=0;i<str.length;i++)
{
    trace(str.charAt(i),"-",str.charCodeAt(i));
}
```

本代码输出结果如图 4-2-1 所示。

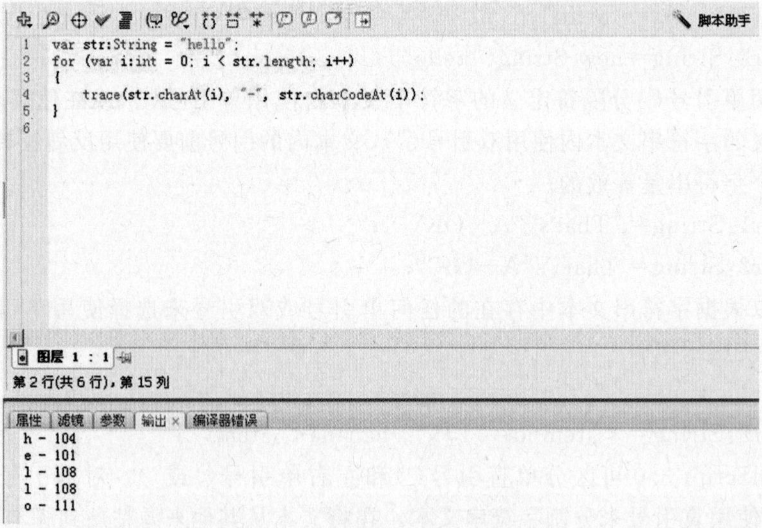

图 4-2-1　处理字符串中的字符

还可以通过字符代码,使用 fromCharCode() 方法定义字符串,如下面的代码所示。

var myStr:String＝String.fromCharCode(104,101,108,108,111);

//将 myStr 设置为"hello"

2. 比较字符串

可以使用以下运算符比较字符串:＜、＜＝、！＝、＝＝、＝＞和＞,这些运算符与条件语句(如 if 语句和 while 语句)可以一起使用,如下面的代码所示。

```
var str1:String="Apple";
var str2:String="apple";
if(str1<str2)
{
    trace("A<a,B<b,C<c,...");
}
```

本代码输出结果如图 4-2-2 所示。

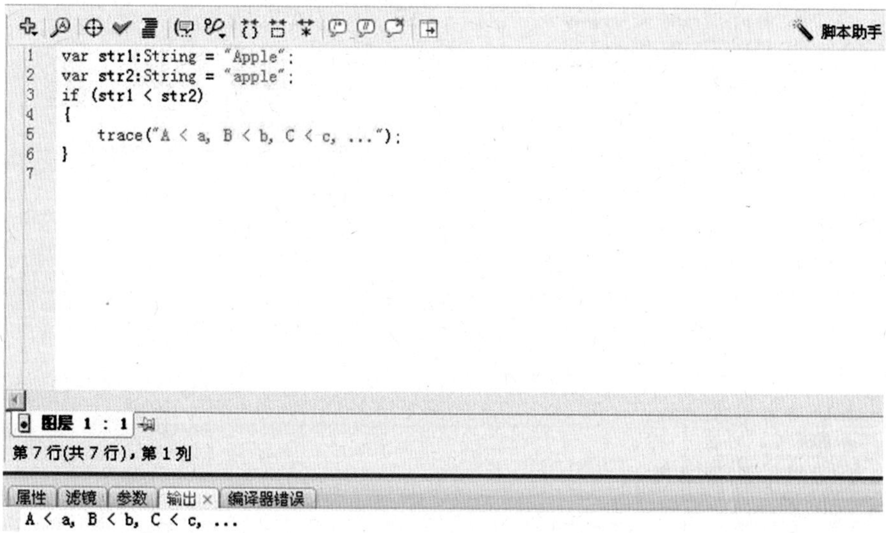

图 4-2-2　比较字符串

在将这些运算符用于字符串时,ActionScript 3.0 会使用字符串中每个字符的字符代码值从左到右比较各个字符,如下面的代码所示。

```
trace("A"<"B");//输出:true
trace("A"<"a");//输出:true
trace("Ab"<"az");//输出:true
trace("abc"<"abza");//输出:true
```

使用＝＝和！＝运算符既可以比较两个字符串,也可以将字符串与其他类型的对象进行比较,如下面的代码所示。

```
var str1:String="1";
var str1b:String="1";
var str2:String="2";
```

```
trace(str1==str1b);//输出:true
trace(str1==str2);//输出:false
var total:uint=1;
trace(str1==total);//输出:true
```

3. 连接字符串

连接字符串的含义是,将两个字符串按顺序合并为一个字符串。可以使用+运算符来连接两个字符串,如下面的代码所示。

```
var str1:String="green";
var str2:String="ish";
var str3:String=str1+str2;//str3=="greenish"
trace(str3)
```

本代码输出结果如图 4-2-3 所示。

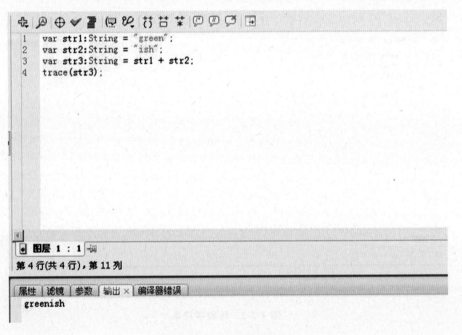

图 4-2-3　连接字符串

还可以使用+=运算符来得到相同的结果,如下面的代码所示。

```
var str:String="green";
str+="ish";//str=="greenish"
```

String 类还包括 concat()方法,可按如下方式对其进行使用:

```
var str1:String="Bonjour";
var str2:String="from";
var str3:String="Paris";
var str4:String=str1.concat("",str2,"",str3);//str4=="Bonjour from Paris"
trace(str4);
```

本代码输出结果如图 4-2-4 所示。

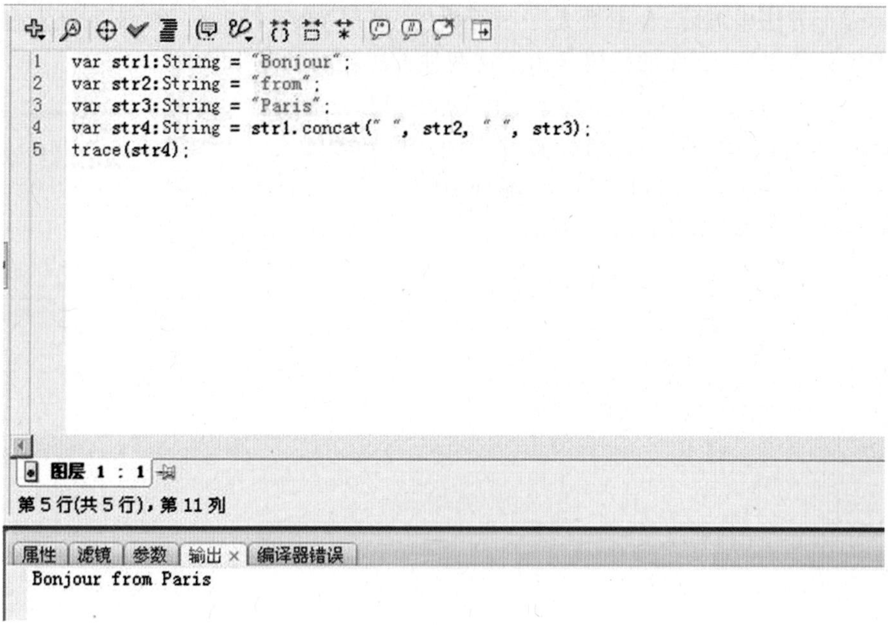

```
1    var str1:String = "Bonjour";
2    var str2:String = "from";
3    var str3:String = "Paris";
4    var str4:String = str1.concat(" ", str2, " ", str3);
5    trace(str4);
```

图层 1 : 1

第 5 行(共 5 行)，第 11 列

属性 | 滤镜 | 参数 | 输出 × | 编译器错误
Bonjour from Paris

图 4-2-4　concat( )方法

如果使用＋运算符(或＋＝运算符)对 String 对象和非字符串的对象进行运算，ActionScript 3.0 会自动将非字符串对象转换为 String 对象以计算该表达式，如下面的代码所示。

var str:String＝"Area＝";

var area:Number＝Math. PI＊Math. pow(3,2);

str＝str＋area;//str＝＝"Area＝28.274333882308138"

但是，可以使用括号进行分组，为＋运算符提供运算的上下文，如下面的代码所示。

trace("总数是"＋4.55＋1.45);//输出:总数是 4.551.45

trace("总数是"＋(4.55＋1.45));//输出:总数是 6

4. 对象的字符串

ActionScript 3.0 为所有对象都提供了 toString( )方法来获取任何类型对象的字符串表示形式，如下面的代码所示。

var n:Number＝99.47;

var str:String＝n. toString( );

//str＝＝"99.47"

5. 查找字符串

(1) substr 和 substring 使用方法。

子字符串是字符串内的字符序列。例如，字符串"abc"具有如下子字符串:""、"a"、"ab"、"abc"、"b"、"bc"、"c"。可使用 substr( )和 substring( )方法来查找字符串的子字符串。

substr( )和 substring( )方法非常类似，两个方法都返回字符串的一个子字符串，并且两个方法都具有两个参数。在这两个方法中，第一个参数是给定字符串中起始字符的位置。不过，在 substr( )方法中，第二个参数是要返回的子字符串的"长度"，而在

substring()方法中,第二个参数是子字符串的"结尾"处字符的位置(该字符未包含在返回的字符串中)。下面的代码显示了这两种方法之间的差别。

```
var str:String="Hello from Paris,Texas!!!";
trace(str.substr(11,15));//输出:Paris,Texas!!!
trace(str.substring(11,15));//输出:Pari
```

本代码输出结果如图 4-2-5 所示。

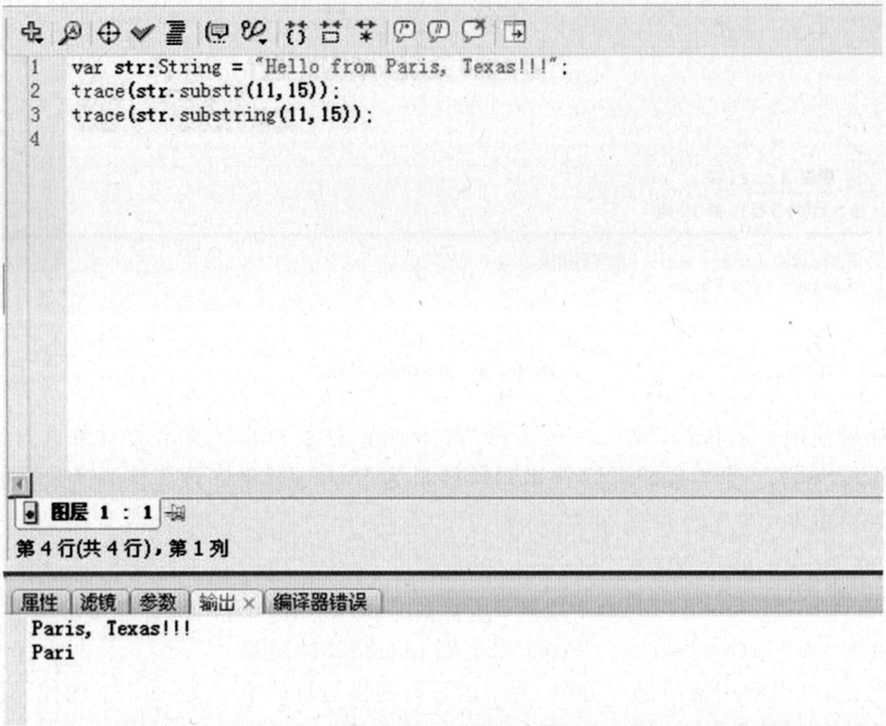

```
1    var str:String = "Hello from Paris, Texas!!!";
2    trace(str.substr(11,15));
3    trace(str.substring(11,15));
4
```

图层 1 : 1
第 4 行(共 4 行),第 1 列

属性 滤镜 参数 输出× 编译器错误

```
Paris, Texas!!!
Pari
```

图 4-2-5 查找字符串

(2) slice 使用方法。

slice()方法的功能类似于 substring()方法,当指定两个非负整数作为参数时,其运行方式将完全一样。但是,slice()方法可以使用负整数作为参数,此时字符位置将从字符串末尾开始向前算起,如下面的代码所示。

```
var str:String="Hello from Paris,Texas!!!";
trace(str.slice(11,15));//输出:Pari
trace(str.slice(-3,-1));//输出:!!
trace(str.slice(-3,26));//输出:!!!
trace(str.slice(-3,str.length));//输出:!!!
trace(str.slice(-8,-3));//输出:Texas
```

(3) indexOf 和 lastIndexOf 使用方法。

indexOf()和 lastIndexOf()方法用于在字符串内查找匹配的子字符串,并返回匹配项的索引位置。indexOf()方法区分大小写,如下面的代码所示。

```
var str:String="The moon,the stars,the sea,the land";
trace(str.indexOf("the"));//输出:10
```

在 IndexOf()方法中可以指定第二个参数以确定在字符串中开始进行搜索的起始索引位置,如下面的代码所示。

```
var str:String="The moon,the stars,the sea,the land"
trace(str.indexOf("the",11));//输出:21
```

lastIndexOf()方法用于在字符串中查找子字符串的最后一个匹配项,并返回匹配项的索引位置。如下面的代码所示。

```
var str:String="The moon,the stars,the sea,the land"
trace(str.lastIndexOf("the"));//输出:30
```

如果为 lastIndexOf()方法提供了第二个参数,搜索将从字符串中的该索引位置反向(从右到左)进行,如下面的代码所示。

```
var str:String="The moon,the stars,the sea,the land"
trace(str.lastIndexOf("the",29));//输出:21
```

(4) split 使用方法。

split()方法创建子字符串数组,该数组根据分隔符进行划分。例如,可以将逗号分隔或制表符分隔的字符串分为多个字符串。下面的代码说明如何使用"与"字符(&)作为分隔符,将数组分割为多个子字符串。

```
var queryStr:String="first=joe&last=cheng&title=manager&StartDate=3/
6/65";
var params:Array=queryStr.split("&",2);//params==["first=joe","last=
cheng"]
```

6. 大小写转换

toLowerCase()方法和 toUpperCase()方法分别将字符串中的英文字母字符转换为小写和大写,这里需要注意的是大小写转换仅对英文字母有实际意义,如下面的代码所示。

```
var str:String="My Name"
trace(str.toLowerCase());//输出:my name
trace(str.toUpperCase());//输出:MY NAME
```

执行完这些方法后,源字符串仍保持不变。要转换源字符串,可执行代码"str=str.toUpperCase();"。

4.3 定时器

4.3.1 定时器的概念

在一个动作游戏中人物的移动速度为 50,在游戏的循环中会不断地处理这个速度让人物运动起来,这样就会引起一个严重的问题:世界上每台计算机的运算速度都是不同的,运算速度慢的计算机循环处理会慢,那么人物的移动会变得缓慢,而运算速度过快的机器循环处理又过快,导致人物移动飞快。因此开发者需要一种每隔一定时间间隔会执行一次的办法。ActionScript 3.0 的 Timer 类提供了一个功能强大的解决方案，在每次达到指定的时间间隔时都会调度计时器事件。

4.3.2 控制时间间隔

Timer 类在构造实例对象的时候有两个参数，分别为每隔多少 ms 执行一次和共执行多少次，如下面的代码所示。

```
import flash. utils. Timer;
var myTimer:Timer＝new Timer(1000,5);
```

这个定时器对象为每隔 1000ms 执行一次，共执行 5 次。

Timer 对象在每次达到指定的间隔时都会调度 TimerEvent 对象。TimerEvent 对象的事件类型是 timer(由常量 TimerEvent. TIMER 定义)，包含的属性与标准 Event 对象包含的属性相同。

如果将 Timer 实例设置为固定的间隔数，则在达到最后一次间隔时，它还会调度 timerComplete 事件(由常量 TimerEvent. TIMER_COMPLETE 定义)，如下面的代码所示。

```
import flash. utils. Timer;
import flash. events. TimerEvent;
var myTimer:Timer＝new Timer(1000,5);
myTimer. addEventListener(TimerEvent. TIMER,timerHandler);
myTimer. addEventListener(TimerEvent. TIMER_COMPLETE,endHandler);
myTimer. start();//开始执行定时器
function timerHandler(e:TimerEvent):void
{
        trace("执行了一次");
}
function endHandler(e:TimerEvent):void
{
        trace("定时器执行完毕");
}
```

运行结果是：

        执行了一次
        执行了一次
        执行了一次
        执行了一次
        执行了一次
        定时器执行完毕

移除定时器的计时方法为下面的代码所示。

```
myTimer. removeEventListener(TimerEvent. TIMER,timerHandler);
```

4.4 音频播放类

4.4.1 声音的加载和播放

1. Flash 中声音播放简介

在应用程序、游戏或 Web 站点上使用声音可以大大增强用户体验，因此在互动类程序的开发中声音处理成为了必不可少的部分。

ActionScript 3.0 处理声音时，会使用 flash.media 包中的 Sound 类。通过使用 Sound 类，可以加载声音文件并开始播放以获取对音频信息的访问。开始播放声音后，Flash Player 可提供对 SoundChannel 对象的访问，由于已加载的音频文件只能是用户计算机上播放的几种声音之一，因此，所播放的每种单独的声音使用其自己的 SoundChannel 对象，混合在一起的所有 SoundChannel 对象的组合输出是实际通过计算机扬声器播放的声音。可以使用此 SoundChannel 实例来控制声音的属性和停止播放。最后，如果要控制组合音频，通过 SoundMixer 类对混合输出进行控制。

2. 播放声音

播放声音，首先要创建 Sound 对象并用 URLRequest 对象导入声音的路径，如下面的代码所示。

import flash.media.Sound;

import flash.net.URLRequest;

var _sound : Sound = new Sound();

var _request: URLRequest = new URLRequest("第八套广播体操.mp3");

_sound.load(_request);

注意把声音文件放到 Flash 源文件的同目录下，这时声音只是加载成功但并没被播放。

3. 播放声音的主要步骤

使用 ActionScript 3.0 播放声音时，可以执行以下操作：从特定起始位置播放声音，暂停声音并稍后从相同位置恢复播放，准确了解何时播放完声音，跟踪声音的播放进度，和在播放声音的同时更改音量。

要在播放期间执行这些操作，可以使用 SoundChannel、SoundMixer 和 SoundTransform 类。

使用 startTime 参数和 loops 参数调用 Sound.play() 方法时，每次将从相同的起始点重复播放声音，如下面的代码所示。

var snd: Sound = new Sound(new URLRequest("repeatingSound.mp3"));

snd.play(1000,3);

在上面的示例中，从声音开始后的 1s 起连续播放声音三次。

如果在加载声音文件或视频文件数据的同时播放该文件，则认为是流式传输。通常，将对从远程服务器加载的外部声音文件进行流式传输，以使用户不必等加载完所有声音数据后才能收听声音。SoundMixer.bufferTime 属性表示 Flash Player 在允许播放声音之前应收集多长时间的声音数据（以毫秒为单位）。也就是说，如果将

bufferTime 属性设置为 2500，在开始播放声音之前，Flash Player 将从声音文件中加载至少相当于 2500ms 的数据。SoundMixer. bufferTime 默认值为 1000。

通过在加载声音时指定新的 bufferTime 值，应用程序可以覆盖单个声音的全局SoundMixer. bufferTime 值。要覆盖默认缓冲时间，需要先创建一个新的SoundLoaderContext类实例，设置 bufferTime 属性，然后将其作为参数传递给 Sound. load()方法，如下面的代码所示。

```
import flash. media. Sound;
import flash. media. SoundLoaderContext;
import flash. net. URLRequest;
var s:Sound＝new Sound();
var req:URLRequest＝new URLRequest("mySound. mp3");
var context:SoundLoaderContext＝new SoundLoaderContext(2500,true);
s. load(req,context);
s. play();
```

4.4.2　声音的暂停和恢复播放

实际上，无法在 ActionScript 3.0 中的播放期间暂停声音，而只能将其停止。但是，可以从任何位置开始播放声音，这样就可以记录声音停止时的位置，并随后从该位置开始重放声音，以实现声音的暂停和恢复播放。

加载并播放一个声音文件，如下面的代码所示。

```
var snd:Sound＝new Sound(new URLRequest("mySound. mp3"));
var channel:SoundChannel＝snd. play();
```

在播放声音的同时，SoundChannel. position 属性指示当前播放到的声音文件位置，应用程序可以在停止播放声音之前存储位置值，如下面的代码所示。

```
var pausePosition:int＝channel. position;
channel. stop();
```

要恢复播放声音，传递以前存储的位置值，就可以从声音停止以前的相同位置重新启动声音。

```
channel＝snd. play(pausePosition);
```

4.4.3　音量和平衡

单个 SoundChannel 对象控制声音的左右立体声声道。如果 mp3 声音是单声道声音，SoundChannel 对象的左右立体声声道将包含完全相同的波形。

可通过使用 SoundChannel 对象的 leftPeak 和 rightPeak 属性来查明所播放的声音的每个立体声声道的波幅。

这些属性显示声音波形本身的峰值波幅，它们并不代表实际播放的音量。实际播放的音量是声音波形的波幅以及 SoundChannel 对象和 SoundMixer 类中设置的音量值的函数。

在播放期间，可以使用 SoundChannel 对象的 volume 属性设置音量，pan 属性为左右声道分别指定不同的音量级别。pan 属性是范围从－1 到 1 的值，其中，－1 表示左声道以最大音量播放,而右声道处于静音状态;1 表示右声道以最大音量播放,而左声道处于静音状态。介于−1 和 1 之间的数值为左和右声道值设置一定比例的值,值 0 表示两个声道以均衡的中音量级别播放。可以想象一下模拟的立体声效果,一架飞机从左边飞到右边,声音会从左声道过渡到右声道。

下面的代码示例使用 volume 值 0.6 和 pan 值−1 创建一个 SoundTransform 对象(左声道为最高音量,右声道没有音量)。此代码将 SoundTransform 对象作为参数传递给 play()方法,此方法将该 SoundTransform 对象应用于为控制回放而创建的新 SoundChannel 对象。

```
var snd:Sound=new Sound(new URLRequest("mySound.mp3"));
var trans:SoundTransform=new SoundTransform(0.6,−1);
var channel:SoundChannel=snd.play(0,1,trans);
```

4.4.4 处理声音的元数据

mp3 格式的声音文件可以采用 ID3 标签格式来包含有关声音的其他数据,例如歌手,年代,音乐风格等等。

并非每个 mp3 文件都包含 ID3 元数据。当 Sound 对象加载 mp3 声音文件时,如果该声音文件包含 ID3 元数据,将调度 Event.ID3 事件。要防止出现运行时的错误,应用程序应等待接收 Event.ID3 事件后,再访问加载的声音的 Sound.id3 属性。

下面的代码说明了如何识别何时加载了声音文件的 ID3 元数据。

```
import flash.events.Event;
import flash.media.ID3Info;
import flash.media.Sound;
var s:Sound=new Sound();
s.addEventListener(Event.ID3,mySoundId);
s.load("mySound.mp3");
function mySoundId(event:Event)
{
    var id3:ID3Info=event.target.id3;
    trace("Received ID3 Info:");
    for(var propName:String in id3)
    {
        trace(propName+"="+id3[propName]);
    }
}
```

上面的代码先创建一个 Sound 对象并通知它侦听 Event.ID3 事件。如果加载了声音文件的 ID3 元数据后,才会调用 mySoundId()方法。传递给 mySoundId()方法的 Event 对象的目标是原始 Sound 对象,因此,该方法随后获取 Sound 对象的 id3 属性,然后循环访问所有命名属性以跟踪它们的值并用 trace 打印出来。

4.5　视频播放类

4.5.1　视频处理介绍

FLV 文件格式包含用 Flash Player 编码以便于传送的音频和视频数据。

在 ActionScript 3.0 中使用视频涉及多个类的联合使用。

• Video 类：舞台上的实际视频内容框是 Video 类的一个实例。Video 类是一种显示对象，因此可以使用适用于其他显示对象的同样的技术（定位、应用变形、应用滤镜和混合模式等）进行操作。

• NetStream 类：在加载由 ActionScript 控制的视频文件时，将使用一个 NetStream 实例来表示该视频内容的源，一般为视频数据流。使用 NetStream 实例也涉及 NetConnection 对象的使用，该对象是到视频文件的连接，它类似于是视频数据反馈的通道。

• Camera 类：在通过连接到用户计算机的摄像头处理视频数据时，会使用一个 Camera 实例来表示视频内容的源，即用户的摄像头和它所提供的视频数据，在"6 交互式设计"中会详细讲解。

在加载外部视频时，可以从标准 Web 服务器加载文件以便进行渐进式下载回放，也可以使用由专门的服务器（如 Adobe 的 Flash Media Server，可简称为 FMS）传送的视频流。

使用 Video 类可以直接在应用程序中显示实时视频流，而不需要将其嵌入 SWF 文件中。可以使用 Camera. getCamera()方法捕获并播放实时视频，还可以使用 Video 类通过网页或在本地文件系统中回放 FLV 文件。

4.5.2　加载播放视频

使用 NetStream 和 NetConnection 类加载视频是一个多步骤过程。

1. 创建 NetConnection

第一步，创建一个 NetConnection 对象。如果连接到没有使用服务器的本地 FLV 文件，则使用 NetConnection 类可通过向 connect()方法传递值 null，来从网页地址或本地驱动器播放流式 FLV 文件。

var nc:NetConnection＝new NetConnection();

nc. connect(null);

2. 创建 NetStream

第二步，创建一个 NetStream 对象（该对象将 NetConnection 对象作为参数）并指定要加载的 FLV 文件。下面的代码片断将 NetStream 对象连接到指定的 NetConnection 实例，并加载 SWF 文件所在的目录中名为 ocremix. flv 的 FLV 文件，并播放视频文件。

var ns:NetStream＝new NetStream(nc);

ns. addEventListener(AsyncErrorEvent. ASYNC_ERROR,asyncErrorHandler);

ns. play("ocremix. flv");

```
function asyncErrorHandler(event:AsyncErrorEvent):void
{
    //忽略无法调用回调 onMetaData 错误
}
```

3. 创建 Video

第三步,创建一个新的 Video 对象,并使用 Video 类的 attachNetStream()方法附加以前创建的 NetStream 对象。然后使用 addChild()方法将该视频对象添加到显示列表中,如下面的代码片断所示。

```
var vid:Video=new Video();
vid. attachNetStream(ns);
addChild(vid);
```

输入上面的代码后,Flash Player 将尝试加载 SWF 文件所在目录中的 ocremix. flv 视频文件。

4.5.3　控制视频的播放

NetStream 类提供了 4 个用于控制视频回放的主要方法。

• pause():暂停视频流的回放。如果视频已经暂停,则调用此方法将不会执行任何操作。

• resume():恢复回放暂停的视频流。如果视频已在播放,则调用此方法将不会执行任何操作。

• seek():搜寻最接近指定位置(从流的开始位置算起的偏移量,以秒为单位)的关键帧。

• togglePause():暂停或恢复流的回放。

下面的代码示例演示如何使用多个不同的按钮控制视频。创建一个新文档,并在工作区中添加 4 个按钮实例(pauseBtn、playBtn、stopBtn 和 togglePauseBtn)。

```
var nc:NetConnection=new NetConnection();
nc. connect(null);
var ns:NetStream=new NetStream(nc);
ns. addEventListener(AsyncErrorEvent. ASYNC_ERROR,asyncErrorHandler);
ns. play("ocremix. flv");
function asyncErrorHandler(event:AsyncErrorEvent):void
{
    //忽略错误
}
var vid:Video=new Video();
vid. attachNetStream(ns);
addChild(vid);
pauseBtn. addEventListener(MouseEvent. CLICK,pauseHandler);
playBtn. addEventListener(MouseEvent. CLICK,playHandler);
stopBtn. addEventListener(MouseEvent. CLICK,stopHandler);
```

```
togglePauseBtn. addEventListener(MouseEvent. CLICK,togglePauseHandler);
function pauseHandler(event:MouseEvent):void
{
    ns. pause();
}
function playHandler(event:MouseEvent):void
{
    ns. resume();
}
function stopHandler(event:MouseEvent):void
{
    //暂停流并将播放头移回到流的开始位置。
    ns. pause();
    ns. seek(0);
}
function togglePauseHandler(event:MouseEvent):void
{
    ns. togglePause();
}
```

播放视频的同时单击 pauseBtn 按钮实例会使视频文件暂停;如果视频已经暂停,则单击该按钮不会执行任何操作。如果之前暂停了回放,则单击 playBtn 按钮实例会恢复视频回放;如果视频已在播放,则单击该按钮不会执行任何操作。

4.5.4 视频元数据

使用 onMetaData 回调处理函数来查看 FLV 文件中的元数据信息。元数据包含 FLV 文件的相关信息,如持续时间、宽度、高度和帧速率。添加到 FLV 文件中的元数据信息取决于编码 FLV 文件时所使用的软件或添加元数据信息时所使用的软件,如以下代码会输出 ocremix. flv 中的元数据信息。

```
var nc:NetConnection=new NetConnection();
nc. connect(null);
var ns:NetStream=new NetStream(nc);
ns. client=this;
ns. play("ocremix. flv");
var vid:Video=new Video();
vid. attachNetStream(ns);
addChild(vid);
function onMetaData(infoObject:Object):void
{
    var key:String;
    for(key in infoObject)
```

```
            {
                trace(key＋"："＋infoObject[key]);
            }
    }
```

如果 ocremix. flv 文件中有元数据则会被输出，上面的代码会生成类似于以下内容的代码。

duration：265.799

bytelength：25188162

pmsg：

framerate：29.97377717749126

starttime：0

sourcedata：B4A7DD127MM1282629985103702

httphostheader：v7. cache2. c. youtube. com

videodatarate：635.1927283398358

height：360

audiodatarate：113.89694716683564

totalduration：265.799

purl：

canseekontime：true

width：640

totaldatarate：756.6305133115542

上面的代码包含了该视频的所有基本数据和播放数据。

本章小结

可以用如虎添翼来形容 ActionScript 3.0 类库的强大。在开发过程中，为了节约时间和成本，避免无用的重复性的代码，使用已经成形的类库进行开发是最高效方便的。后面的课程中还会学习到不同库的使用，掌握类库可以说是具有快速开发水平的基础。

课后练习

编译一个具有基本功能的 MP3 播放器。

显示对象

显示对象是 Flash 的核心组成部分,可以认为在 Flash 中用眼睛能看到的所有东西都属于显示对象。所有显示对象都是 DisplayObject 类的子类,同样它们还会继承 DisplayObject 类的属性和方法。

5.1　影片剪辑和位图

5.1.1　影片剪辑

1. 创建影片剪辑

影片剪辑是 Flash 中十分重要的显示对象。只要在 Flash 中创建影片剪辑元件,Flash 就会将该元件添加到该 Flash 文档的库中。默认情况下,该元件会成为 MovieClip 类的一个实例,因此具有 MovieClip 类的属性和方法。

要将一个对象转换为元件,首先在场景中画一个圆,右击,在弹出菜单中选择"转换为元件",如图 5-1-1 所示。

创建补间动画
创建补间形状

剪切
复制
粘贴

复制动画
将动画复制为 ActionScript 3.0...
粘贴动画
选择性粘贴动画...
另存为动画预设...

全选
取消全选

任意变形
扭曲
封套

分散到图层

运动路径　　　　　　　　　　▶

转换为元件...

图 5-1-1　转换为元件

单击"转换为元件"选项，会出现如图 5-1-2 所示的对话框。

图 5-1-2　转换为元件对话框

默认名称为"元件 1"，在"类型"中选择"影片剪辑"，"影片剪辑"是转换元件的默认选项，"对齐"的 9 个小点为当前指定元件的锚点坐标，锚点坐标就代表了整个元件的坐标。

单击"确定"按钮，会看到如图 5-1-3 所示的属性。

图 5-1-3　元件的属性

影片剪辑在 ActionScript 3.0 中是用 MovieClip 这个类来描述的。在元件属性对话框中给实例名称起个名字，这个名字就等于 MovieClip 类的实例对象。

2. 影片剪辑与库

（1）为库中的影片剪辑添加类。

将场景中的影片剪辑删除，然后在库中选择"元件 1"，右击，在弹出菜单中选择"属性"，如图 5-1-4 所示。

在弹出的对话框中单击"高级"按钮，在"链接"下，选中"为 ActionScript 导出"，把"类"改为"CMyMovieClip"，如图 5-1-5 所示。

单击"确定"按钮，会弹出一个警告对话框，单击"确定"按钮，一个名为"CMy-MovieClip"的类就导入到了 SWF 文件中，如图 5-1-6 所示。

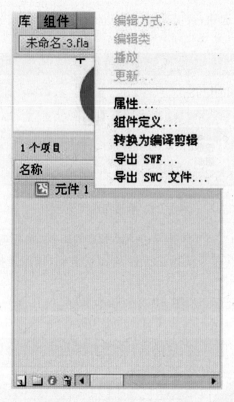

图 5-1-4　选择影片剪辑属性项

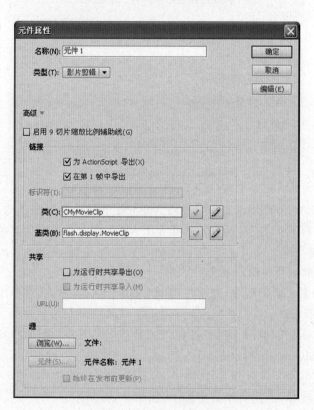

图 5-1-5　元件属性对话框

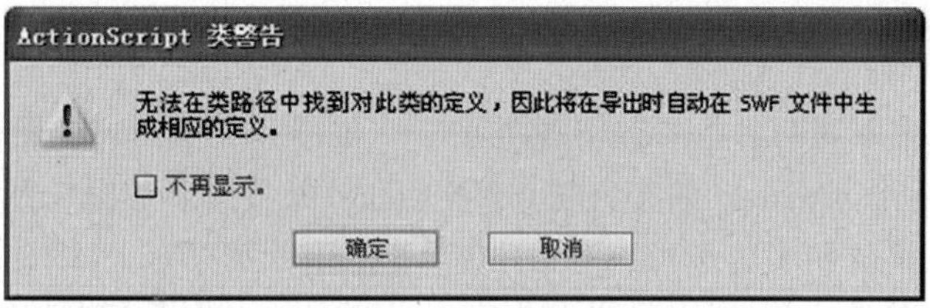

图 5-1-6　导出类定义

（2）使用元件的类。

按 F9 键打开动作窗口，在代码区域中添加下面的代码。

```
var myMC:CMyMovieClip＝new CMyMovieClip;
myMC.x＝200;
myMC.y＝200;
stage.addChild(myMC);
```

输出后可以看见在屏幕中显示一个圆。由于 CMyMovieClip 继承于 MovieClip，所以会有影片剪辑的所有属性，例如代码中 x 和 y 属性。

3. 控制影片剪辑的播放

影片剪辑中通常会包含动画，使用 ActionScript 3.0 来灵活控制动画的播放能产生很多吸引人的效果。MovieClip 类和 Sprite 类，相同点是都是显示对象，不同点是 MovieClip 中多了对动画帧的控制和属性。如图 5-1-7 所示为 MovieClip 的显示继承的公共属性，图 5-1-8 所示为 MovieClip 的显示继承的公共方法。

属性	定义方
currentFrame : int [read-only] 指定播放头在 MovieClip 实例的时间轴中所处的帧的编号。	MovieClip
currentLabel : String [read-only] 在 MovieClip 实例的时间轴中播放头所在的当前标签。	MovieClip
currentLabels : Array [read-only] 返回由当前场景的 FrameLabel 对象组成的数组。	MovieClip
currentScene : Scene [read-only] 在 MovieClip 实例的时间轴中播放头所在的当前场景。	MovieClip
enabled : Boolean 一个布尔值，指示影片剪辑是否处于活动状态。	MovieClip
framesLoaded : int [read-only] 从流式 SWF 文件加载的帧数。	MovieClip
scenes : Array [read-only] 一个由 Scene 对象组成的数组，每个对象都列出了 MovieClip 实例中场景的名称、帧数和帧标签。	MovieClip
totalFrames : int [read-only] MovieClip 实例中帧的总数。	MovieClip
trackAsMenu : Boolean 指示属于 SimpleButton 或 MovieClip 对象的其它显示对象是否可以接收鼠标释放事件。	MovieClip

图 5-1-7　MovieClip 的显示继承的公共属性

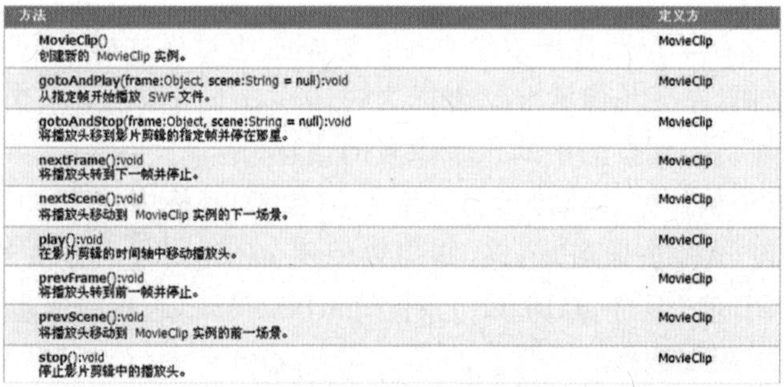

方法	定义方
MovieClip() 创建新的 MovieClip 实例。	MovieClip
gotoAndPlay(frame:Object, scene:String = null):void 从指定帧开始播放 SWF 文件。	MovieClip
gotoAndStop(frame:Object, scene:String = null):void 将播放头移到场景中指定的帧并停在那里。	MovieClip
nextFrame():void 将播放头转到下一帧并停止。	MovieClip
nextScene():void 将播放头移动到 MovieClip 实例的下一场景。	MovieClip
play():void 在影片剪辑的时间轴中移动播放头。	MovieClip
prevFrame():void 将播放头转到前一帧并停止。	MovieClip
prevScene():void 将播放头移动到 MovieClip 实例的前一场景。	MovieClip
stop():void 停止影片剪辑中的播放头。	MovieClip

图 5-1-8　MovieClip 的显示继承的公共方法

5.1.2 位图

在 Flash 中会用到两种主要的图像类型——位图和矢量图。位图图像也称为光栅图像,由排列为矩形网格形式的小方块(像素)组成;矢量图形是由以数学方式生成的几何形状(如直线、曲线和多边形)组成的。由于位图跟分辨率有关,因此不能很好地进行缩放。当放大位图时,这一特点显得尤为突出,通常,放大位图有损其细节和品质。

1. 位图的简介

处理位图主要用的 ActionScript 3.0 的类是 Bitmap 类(用于在屏幕上显示位图图像)和 BitmapData 类(用于访问和操作位图的原始图像数据)。

作为 DisplayObject 类的子类,Bitmap 类是用于显示位图图像的主要 ActionScript 3.0 类,其中 Bitmap 实例是一个显示对象,因此可以使用显示对象的所有特性和功能来操作 Bitmap 实例。

BitmapData 类位于 flash. display 包中,它可以看成是加载的或动态创建的位图中包含的像素数据的数组。BitmapData 类还包含一系列内置方法,可用于创建和处理像素数据。

实例化位图就是实例化 BitmapData 对象,可以使用下面的代码。

var myBitmap:BitmapData = new BitmapData(width:Number,height:Number, transparent:Boolean,fillColor:uint);

width 和 height 参数指定位图的大小,二者的最大值都是 2880 像素。transparent 参数指定位图数据是(true)否(false)包括透明度(Alpha 通道)。fillColor 参数是一个 32 位颜色值,它指定背景颜色和透明度值。下面的代码示例创建一个无透明的黄色背景的 BitmapData 对象。

var bmData:BitmapData=new BitmapData(256,256,false,0xffff00);

如果要让位图数据显示到舞台上,需要将其绑定到 Bitmap 的对象中,并将 Bitmap 对象用 addChild 方法添加到舞台上。如下面的代码所示。

import flash. display. BitmapData;

import flash. display. Bitmap;

var bmData:BitmapData=new BitmapData(256,256,false,0xffff00);

var bit:Bitmap=new Bitmap(bmData);

stage. addChild(bit);

2. 像素处理技术

BitmapData 储存了位图数据数组。位图数据数组可以这样定位坐标,一张分辨率为 128×128 的位图,左上角像素 x,y 坐标为(0,0),右下角像素 x,y 坐标为(127,127),因此可以使用循环访问到位图中的每个像素的信息。

getPixel()方法从作为参数传递的一组 x,y(像素)坐标中检索 RGB 值。如果处理的像素包括透明度(Alpha 通道)信息,则需要使用 getPixel32()方法。getPixel32()方法也可以检索 RGB 值,但与 getPixel()不同,getPixel32()返回的值包含表示所选像素的 Alpha 通道值的附加数据。

更改位图中包含的某个像素的颜色或透明度,则可以使用 setPixel()或 setPixel32()方法。要设置像素的颜色,只需将 x,y 坐标和颜色值传递到这两种方法之一即可。下面的代码演示了取出颜色并输出，和设置颜色的方法。

```
import flash.display.BitmapData;
import flash.display.Bitmap;
var bmData:BitmapData=new BitmapData(32,32,false,0xFFFF00);
var bit:Bitmap=new Bitmap(bmData);
stage.addChild(bit);
for(var i:int=0;i<bmData.width;i++)
{
    for(var j:int=0;j<bmData.height;j++)
    {
        trace(bmData.getPixel(i,j));//输出每个像素的值
        bmData.setPixel(16,j,0x000000);//在位图中间绘制黑色线条
    }
}
```

这里需要特别注意，如果位图的分辨率太大，循环像素的逐个访问和设置颜色的时间会非常长，会超过脚本 15 秒的限制。

3. 加载位图

（1）直接加载位图。

在 Flash 中加载位图最简单的办法是直接将位图拖入到舞台上，并在库中找到该位图，右击，在弹出菜单中选择"属性"命令，如图 5-1-9 所示。

图 5-1-9　位图在库中的显示

在位图属性对话框中，在"链接"下，选中"为 ActionScript 导出"，把"类"改为

"MyBitmap",这里需要注意的是基类是"flash. display. BitmapData",如图 5-1-10 所示。

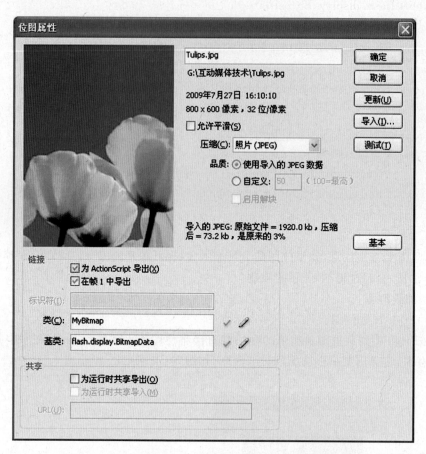

图 5-1-10　位图属性对话框

单击"确定"按钮,剩下的操作与影片剪辑导入到库中的操作一样。然后在动作脚本代码区域添加下面的代码。

import flash. display. Bitmap;

var bmData：MyBitmap＝new MyBitmap;

var map：Bitmap＝new Bitmap(bmData);

stage. addChild(map);

输出后可以看见舞台上添加了这张位图。这种位图的添加方法会使最终生成的动画体积变大。

（2）从外部加载位图。

在 Flash 中还有通过 Loader 类从 SWF 文件外部加载位图的方法。通过 URLRequest 对象和位图的 URL,监听 Loader 类的 complete 事件确定是否载入完成,得到 loader. content 属性,它是个可视化对象表示内容被载入。在这里载入的是位图,所以 content 是 Bitmap 类的一个参数。

下面的代码示例如何从外部加载一张位图。

```
import flash. display. Loader;
import flash. display. Bitmap;
import flash. display. BitmapData;

var _loader:Loader=new Loader( );
_ loader. contentLoaderInfo. addEventListener ( Event. COMPLETE，onCom-
plete);
_loader. load(new URLRequest("Tulips. jpg"));

function onComplete(event:Event):void
{
    var image:Bitmap=Bitmap(_loader. content);
    var bitmap:BitmapData=image. bitmapData;
    stage. addChild(image);
}
```

输出以上代码前要注意将 Tulips. jpg 位图放到 Flash 源文件的同目录下,输出结
果如图 5-1-11 所示。

图 5-1-11 从外部加载一张位图

4. 填充区域

在 ActionScript 3.0 中可以用指定颜色填充位图的指定区域。首先创建一个矩形
区域对象,指定这个矩形的大小位置,然后使用 BitmapData 的方法 fillRect 使用这个
矩形区域和填充的颜色,下面的代码在位图的(0,0)坐标填充宽 200,高 200 的绿色矩
形区域。

```
import flash. display. Bitmap;
import flash. geom. Rectangle;
var bmData:MyBitmap＝new MyBitmap;
var map:Bitmap＝new Bitmap(bmData);
var rc:Rectangle＝new Rectangle(0,0,200,200);//指定坐标为(0,0)坐标,宽
200,高 200 的矩形
bmData. fillRect(rc,0xff00ff00);//为矩形区域填充绿色
stage. addChild(map);
```

5. 复制位图

在 ActionScript 3.0 中,复制一个位图中的数据可以使用 clone()、copyPixels()和 draw()方法。

clone()方法将位图数据从一个 BitmapData 对象"克隆"到另一个对象。调用此方法时,此方法返回一个新的 BitmapData 对象,它与被复制的原始实例完全一样。下面的代码中,首先"克隆"一个新的 BitmapData 对象,然后设置到新的 Bitmap 对象上,并设置新的 Bitmap 宽和高都为 200,再添加到舞台上。

```
import flash. display. Bitmap;
import flash. geom. Rectangle;
import flash. display. BitmapData;
var bmData:BitmapData＝new MyBitmap;
var map:Bitmap＝new Bitmap(bmData);
stage. addChild(map);
var cbmData:BitmapData＝bmData. clone();
var cmap:Bitmap＝new Bitmap(cbmData);
cmap. width＝200;
cmap. height＝200;
stage. addChild(cmap);
```

copyPixels()方法是从一个 BitmapData 对象向另一个对象复制像素的简便方法。该方法会拍摄源图像的矩形快照(由 sourceRect 参数定义),并将其复制到另一个大小相等的矩形区域。新"粘贴"的矩形位置在 destPoint 参数中定义。

下面的代码演示了如何从一个位图中复制部分到一个新的位图上。

```
import flash. display. Bitmap;
import flash. geom. Rectangle;
import flash. display. BitmapData;
import flash. geom. Point;
var bmData:BitmapData＝new MyBitmap;
var map:Bitmap＝new Bitmap(bmData);
stage. addChild(map);
var rc:Rectangle＝new Rectangle(200,200,200,200);
var pt:Point＝new Point(0,0);
var cbmData:BitmapData＝new BitmapData(200,200);
```

```
cbmData. copyPixels(bmData,rc,pt);
var cmap:Bitmap=new Bitmap(cbmData);
stage. addChild(cmap);
```

draw()方法将源 sprite、影片剪辑或其他显示对象中的图形内容绘制或呈现在新位图上,这点类似于游戏制作中的渲染到纹理的技术。如果想把显示对象的图形内容画到位图上,用 draw()方法就能做到,只需要把相关的显示对象作为 draw()的参数,也可以把 flash. geom. Matrix 类实例作为参数。Matrix 类可以对图形进行缩放、旋转、变换或倾斜等操作。这个参数是可选的,不想对源图做什么,可指定为 null。还可以传递 ColorTransform 对象作为参数,它能在绘图前修改颜色。

下面的代码演示了将原图用 draw()方法画到一张小的位图上,然后将这个小的位图贴到舞台的左上角的方法。

```
import flash. display. Bitmap;
import flash. geom. Rectangle;
import flash. display. BitmapData;
import flash. geom. Point;
var bmData:BitmapData=new MyBitmap;
var map:Bitmap=new Bitmap(bmData);
stage. addChild(map);
var cbmData:BitmapData=new BitmapData(bmData. width,bmData. height);
cbmData. draw(bmData);
var cmap:Bitmap=new Bitmap(cbmData);
cmap. width=100;
cmap. height=100;
stage. addChild(cmap);
```

6. 颜色通道复制

BitmapData 类有能把某一颜色通道复制到另一张位图上的方法——copyChannel()方法。copyChannel()方法是一个在两个位图之间交换数据的方法,它的前三个参数和 copyPixels()方法一样,后面两个参数是指源通道和目标通道,该方法的参数是:

```
bitmap. copyPixels(sourceBmp,srcRect,destPoint,srcChannel,destChannel);
```

两个通道参数可以 1、2、4 或 8,分别代表红色,绿色,蓝色和透明通道,一一对应 BitmapDataChannel 类中的 RED、GREEN、BLUE 和 ALPHA 常量。

下面的代码演示了从一张原图中将绿色通道的颜色复制到一张新图的蓝色通道上,并将新图贴到舞台的左上角的方法。

```
import flash. display. Bitmap;
import flash. geom. Rectangle;
import flash. display. BitmapData;
import flash. geom. Point;
var bmData:BitmapData=new MyBitmap;
var map:Bitmap=new Bitmap(bmData);
stage. addChild(map);
```

```
var pt:Point＝new Point(0,0);
var cbmData:BitmapData＝new
```
BitmapData(bmData. width,bmData. height,true,0xff000000);
```
cbmData. copyChannel(bmData,bmData. rect,pt,BitmapDataChannel. GREEN,
```
BitmapDataChannel. BLUE);
```
var cmap:Bitmap＝new Bitmap(cbmData);
cmap. width＝200;
cmap. height＝200;
stage. addChild(cmap);
```

7. 噪声图

噪声图是由一些随机像素值组成的位图。BitmapData 提供了 noise()方法产生噪声图,noise()创建随机杂乱的图案,就像当电视没有信号时出现的图案。

可以直接通过 BitmapData 调用 noise()方法,函数为:

noise(seed,low,high,channel,grayscale);

seed 参数决定随机样式,它可以是任意值。如果用同样的 seed 参数值调用两次该方法,得到的图案将是一样的。因此要得到不同的图案必须使用不同的 seed 参数值,这可以用随机数产生:Math. random()*1000。

low 和 high 参数决定每个像素的最大值和最小值,范围在 0 到 255 之间,设置越高图案越亮,越低图案越暗。

channel 参数指定把噪波应用到哪个通道上,其值可以是 1、2、4 和 8,或者用 Bitmap-DataChannel 类的 RED、GREEN、BLUE 和 ALPHA 常量。

grayscale 参数是一个布尔值,true 表示随机值应用到三个通道上。

下面的代码演示了创建一张大小 200×200 的噪声图并显示在舞台上。

```
import flash. display. BitmapData;

import flash. display. Bitmap;

var bmData:BitmapData＝new BitmapData(200,200,true,0xff000000);

bmData. noise(Math. random()*1000,100,255,BitmapDataChannel. RED,true);

var map:Bitmap＝new Bitmap(bmData);

stage. addChild(map);
```

输出结果如图 5-1-12 所示。

如果产生的随机噪声图的像素是有一定规律连续变化的随机,就能产生如爆炸、烟雾、水等自然效果。BitmapData 提供了产生柏林噪声图 perlinNoise()方法,该函数为:

perlinNoise(baseX:Number,baseY:Number,numOctaves:uint,randomSeed:int,
stitch:Boolean,fractalNoise:Boolean,channelOptions:uint＝7,grayScale:Boolean＝
false,offsets:Array＝null)

• baseX:Number 参数是要在 x 方向上使用的频率。例如,要生成大小适合 64×128 图像的杂点,baseX 值为 64。

• baseY:Number 参数是要在 y 方向上使用的频率。例如,要生成大小适合 64×128 图像的杂点,baseY 值为 128。

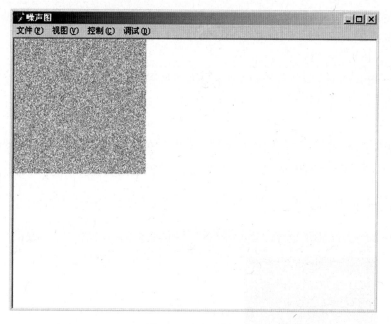

图 5-1-12　噪声图

• numOctaves：uint 参数是指要组合以创建此杂点的 octave 函数或各个杂点函数的数目。octave 的数目越多，创建的图像越细腻，同时需要的处理时间也会越长。

• randomSeed：int 参数是指要使用的随机种子数。如果保持所有其他参数不变，可以通过改变随机种子值来生成不同的伪随机结果。Perlin 杂点函数是一个映射函数，不是真正的随机数生成函数，所以它会每次根据相同的随机种子创建相同的结果。

• stitch：Boolean 参数是一个布尔值。如果该值为 true，则该方法将尝试平滑图像的转变边缘以创建无缝的纹理，用于作为位图填充进行平铺。

• fractalNoise：Boolean 参数是一个布尔值。如果该值为 true，则该方法将生成碎片杂点；否则，它将生成湍流。带有湍流的图像具有可见的不连续性渐变，可以使其具有更接近锐化的视觉效果，例如火焰或海浪。

• channelOptions：uint（default＝7）参数是一个数字，其值可以是 1、2、4 和 8，或者用 BitmapDataChannel 类的 RED、GREEN、BLUE 和 ALPHA 常量。可以使用逻辑 OR 运算符（|）来组合通道值。

• grayScale：Boolean（default＝false）参数是一个布尔值。如果该值为 false，则通过将红色、绿色和蓝色通道的每一个值都设置为相同的值来创建一个灰度图像。如果此值设置为 true，则 Alpha 通道值将不会受到影响。

• offsets：Array（default＝null）参数是与每个 octave 的 x 和 y 偏移量相对应的点数组。通过操作这些偏移量值，可以平滑滚动 perlinNoise 图像的图层。偏移数组中的每个点将影响一个特定的 octave 杂点函数。

下列代码可以产生类似红色火烧云的效果。

```
import flash. display. BitmapData;
import flash. display. Bitmap;
import flash. events. Event;
```

```
var bmData:BitmapData=new BitmapData(200,200,true,0xff000000);
var map:Bitmap=new Bitmap(bmData);
stage.addChild(map);
stage.addEventListener(Event.ENTER_FRAME,startHandler);
function startHandler(e:Event):void
{
    bmData.perlinNoise(100,80,6,Math.random()*100,false,false,Bitmap-
DataChannel.RED,false,null);
}
```

输出结果如图 5-1-13 所示。

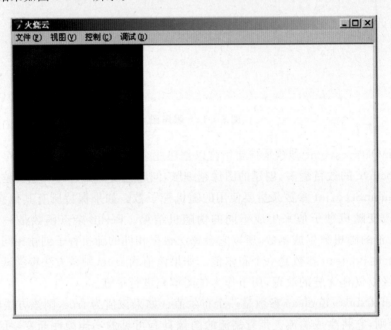

图 5-1-13　火烧云的效果

5.2　动态文本

在 Flash 中,要在屏幕上显示文本,可以使用 TextField 类的实例。TextField 类是 Adobe Flex 框架和 Flash 创作环境中提供的其他基于文本的组件(如 TextArea 组件或 TextInput 组件)的基础,需要注意的是 TextField 是显示对象,所以可以使用操作显示对象的方法来处理。

5.2.1　创建动态文本

在 Flash 中可以直接加入动态文本对象。首先将工具栏中的文本组件拖入到舞台中,并输入"我的文本"几个字,然后在属性对话框中将"TLF 文本"选择为"传统文本",将"静态文本"选择为"动态文本",并给动态文本对象起名为"tf",如图 5-2-1 所示。

图 5-2-1 文本的属性对话框

这个时候一个 TextField 对象就创建成功了。

在 Flash 中还可以使用 ActionScript 3.0 在脚本中添加动态文本，这样的操作方式灵活性更高，如下面的代码所示。

```
import flash.text.TextField；
var tf:TextField=new TextField；
tf.text="我的文本"；
stage.addChild(tf)；
```

其中 text 属性指定动态文本在舞台上的显示内容。还可以设置文本其他常规显示属性，例如 x、y 代表的是文本的坐标位置，width、height 代表了文本的宽和高。要让显示的文字到文本的尽头自动换行，将 wordWrap 属性设置为"true"即可，如下面的代码所示。

```
tf.wordWrap=true；
```

5.2.2 文本边框

不同的项目有不同的边框需求，例如登录时需要有密码输入框，那么为文本添加边框就显得十分重要。文本框的 border 属性为指定是否使用边框，borderColor 属性可以设置边框颜色。下面的代码演示了创建一个蓝色边框的文本。

```
import flash.text.TextField；
var tf:TextField=new TextField；
tf.text="文本"；
tf.border=true；
```

```
tf. borderColor=0x0000ff;
stage. addChild(tf);
```

5.2.3 文本的背景

有时候可能需要为文本的背景加上颜色。background 属性为指定是否使用背景颜色，backgroundColor 属性可以设置背景色。下面的代码演示了创建一个具有红色背景的文本。

```
import flash. text. TextField;
var tf:TextField=new TextField;
tf. text="文本";
tf. background=true;
tf. backgroundColor=0xff0000;
stage. addChild(tf);
```

5.2.4 文本的输入

如果要制作文本的输入，可以设置文本框的 type 属性为 TextFieldType. INPUT。文本框有两种类型——DYNAMIC 和 INPUT，默认为 DYNAMIC 类型，表示可以由 ActionScript 3.0 控制文本的内容，但用户不能输入数据，而设置成 INPUT 类型就可以由用户输入数据，该值是 flash. display. TextFieldType 类常量。下面的代码演示了创建一个带边框的文本输入框。

```
import flash. text. TextField;
var tf:TextField=new TextField;
tf. text="留言板";
tf. border=true;
tf. borderColor=0x0000ff;
tf. type=TextFieldType. INPUT;
stage. addChild(tf);
```

输出结果如图 5-2-2 所示。

如果制作一个密码的输入框，只需要设置文本框的 displayAsPassword 属性为"true"就可以了，这样输入的所有文本都会自动变为"*"。

如果制作一个输入电话号码的文本输入框，要求只能输入数字，字母和其他的字符不能输入，这就要用到 TextField 提供的文本输入过滤功能。TextField 的 restrict 属性可以指定允许的字符被输入，如下面的代码所示。

```
field. restrict="abcdefg";
```

这样就只能输入 a、b、c、d、e、f、g 几个字符，其他字符都被过滤掉了。

如果把 restrict 设为空字符串，代表可以输入任何字符。注意文本输入过滤功能严格区分字母的大小写。

如果电话号码只能输入 13 位，可以设置文本框的 maxChars 属性来限定输入的最大值为多少，如下面的代码所示。

```
Tf. maxChars=13;
```

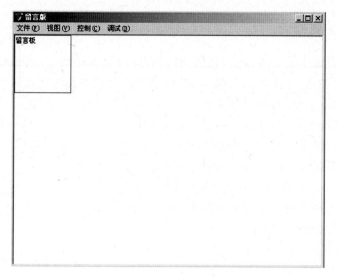

图 5-2-2　文本的输入

5.2.5　显示 HTML 格式文本

TextField 支持 HTML 格式的文本，可以设置 htmlText 属性值为 HTML 内容。下面的代码演示了将 HTML 格式的文本显示到文本中。

import flash. text. TextField；

var tf：TextField＝new TextField；

tf. htmlText＝"＜u＞欢迎来到主页＜/u＞"；

tf. border＝true；

tf. borderColor＝0x0000ff；

tf. type＝TextFieldType. INPUT；

stage. addChild(tf)；

输出结果如图 5-2-3 所示。

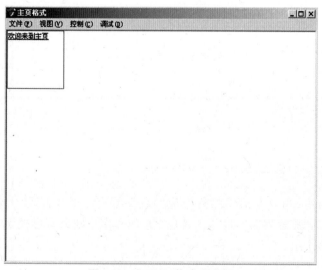

图 5-2-3　HTML 格式文本框

5.2.6 文本格式

如果要设置文本的字体格式，就要使用到 TextFormat 类，并传递给 TextField 的 setTextFormat 方法，下面的代码演示了创建蓝色字体的方法。

```
import flash. text. TextField;
import flash. text. TextFormat;
var tf:TextField=new TextField;
var tfm:TextFormat=new TextFormat;
tfm. color=0x0000ff;//设定字体的颜色为蓝色
tfm. size=16;//设定字体的大小为 16
tf. text="修改文本的格式";
tf. setTextFormat(tfm);
stage. addChild(tf);
```

输出结果如图 5-2-4 所示。

图 5-2-4　文本格式

5.3　显示容器

5.3.1　在显示容器中加入显示对象

使用 ActionScript 3.0 构建的每个应用程序都有一个由显示对象构成的层次结构，这个结构称为"显示列表"，显示列表包含应用程序中的所有可视元素。显示元素属于下面一个或多个组。

1. 舞台

舞台是包括显示对象的基础容器。每个应用程序都有一个 Stage 对象，其中包含所有的屏幕显示对象。舞台是顶级容器，它位于显示列表层次结构的顶部。

每个 SWF 文件都有一个关联的 ActionScript 类，称为"SWF 文件的主类"。当 Flash Player 在网页中打开 SWF 文件时，Flash Player 将调用该类的构造函数，所创建的实例（始终是一种显示对象）将添加为 Stage 对象的子级。SWF 文件的主类始终扩展 Sprite 类，Sprite 类可以认为是一个没有时间轴的影片剪辑。

可以通过任何 DisplayObject 实例的 stage 属性来访问舞台。

2. 显示对象

在 ActionScript 3.0 中，在应用程序屏幕上出现的所有元素都属于"显示对象"类型。flash.display 包中包括的 DisplayObjcct 类是由许多其他类扩展的基类。这些不同的类表示一些不同类型的显示对象，如矢量形状、影片剪辑和文本字段等。

3. 显示对象容器

显示对象容器是一些特殊类型的显示对象，这些显示对象除了有自己的可视表示形式之外，还可以包含也是显示对象的子对象。

DisplayObjectContainer 类是 DisplayObject 类的子类。DisplayObjectContainer 对象可以在其"子级列表"中包含多个显示对象。如图 5-3-1 所示。

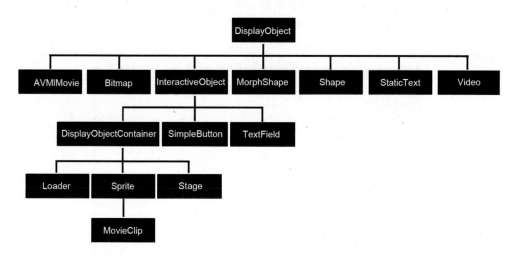

图 5-3-1　显示对象类的关系图

由上图可以看到 Loader，Sprite，Stage 和 MovieClip 都继承于 DisplayObjectContainer。所以这 4 个类都是显示容器。

将显示对象移到 DisplayObjectContainer 实例的子级列表中的新位置时，显示对象容器中的其他子级会自动重新定位并在显示对象容器中分配相应的子索引位置。

在 ActionScript 3.0 中，总是可以发现任何显示对象容器中的所有子对象。每个 DisplayObjectContainer 实例都有 numChildren 属性，用于列出显示对象容器中的子级数。

可以通过使用 DisplayObjectContainer 类的 getChildByName() 方法来访问显示对象容器中的子级。

可以创建不在可视显示列表中的显示对象，这些对象称为"列表外的"显示对象。当调用已添加到显示列表中的 DisplayObjectContainer 实例的 addChild()或 addChildAt()方法时，才会将显示对象添加到可视显示列表中。

下面的代码演示了创建 Sprite 对象，并在该显示容器中添加一个 TextField 和 Bitmap 对象。

```
import flash.display.Sprite;
import flash.text.TextField;
import flash.display.BitmapData;
import flash.display.Bitmap;
var container:Sprite=new Sprite;
var tf:TextField=new TextField;
tf.text="文本";
var bmData:BitmapData=new BitmapData(100,100,true,0xff00ff00);
var bm:Bitmap=new Bitmap(bmData);
container.addChildAt(bm,0);
container.addChildAt(tf,1);
stage.addChild(container);
```

这里需要注意的是，先将位图对象加到了显示容器索引位置 0 上，然后将文本对象加到了显示容器的索引位置 1 上，最后将显示容器添加到了舞台上。输出结果如图 5-3-2 所示。

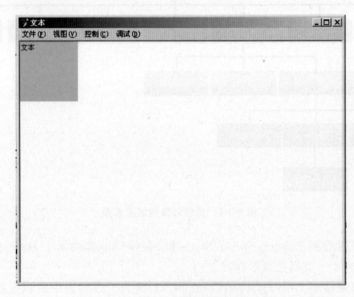

图 5-3-2　在显示容器中加入显示对象

5.3.2　在显示容器中删除显示对象

在显示容器中删除显示对象使用 removeChild()和 removeChildAt()方法，下面的代码演示了在显示容器中加入两个显示对象，并使用 removeChild()方法从中删除 Bitmap 对象。

```
import flash. display. Sprite；
import flash. text. TextField；
import flash. display. BitmapData；
import flash. display. Bitmap；
var container：Sprite＝new Sprite；
var tf：TextField＝new TextField；
tf. text＝"文本"；
var bmData：BitmapData＝new BitmapData(100,100,true,0xff00ff00)；
var bm：Bitmap＝new Bitmap(bmData)；
container. addChildAt(bm,0)；
container. addChildAt(tf,1)；
stage. addChild(container)；
container. removeChild(bm)；
```

5.3.3　在显示容器中移动显示对象

使用 setChildAt 方法可以移动显示对象的索引位置,下面的代码演示了将 Bitmap 对象移动到索引位置 1,这个时候索引位置 1 的文本对象会自动移动到索引 0 位置。

```
import flash. display. Sprite；
import flash. text. TextField；
import flash. display. BitmapData；
import flash. display. Bitmap；
var container：Sprite＝new Sprite；
var tf：TextField＝new TextField；
tf. text＝"文本"；
var bmData：BitmapData＝new BitmapData(100,100,true,0xff00ff00)；
var bm：Bitmap＝new Bitmap(bmData)；
container. addChildAt(bm,0)；
container. addChildAt(tf,1)；
stage. addChild(container)；
container. setChildIndex(bm,1)；
```

显示容器还提供了 swapChildren() 和 swapChildrenAt() 方法来方便地对内部的两个显示对象进行位置上的交换,下面的代码演示了使用 swapChildren() 交换容器内 Bitmap 和 TextField 对象。

```
import flash. display. Sprite；
import flash. text. TextField；
import flash. display. BitmapData；
import flash. display. Bitmap；
var container：Sprite＝new Sprite；
var tf：TextField＝new TextField；
tf. text＝"文本"；
```

```
var bmData:BitmapData=new BitmapData(100,100,true,0xff00ff00);
var bm:Bitmap=new Bitmap(bmData);
container.addChildAt(bm,0);
container.addChildAt(tf,1);
stage.addChild(container);
container.swapChildren(bm,tf);
```

5.3.4 文档类

使用文档类相当于将舞台上的所有显示对象放入到 Sprite 或者 MovieClip 容器内,然后将这个容器添加到舞台上。

如图 5-3-3 所示,在舞台的属性对话框中,单击"类"后面的编辑按钮,

图 5-3-3 属性对话框

弹出类编写对话框,在"类名称"中添加"CMyClass",点击"确定",如图 5-3-4 所示。

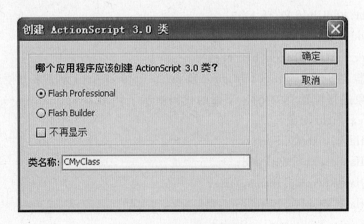

图 5-3-4 类编写对话框

这时会自动创建出名为"CMyClass.as"的脚本,脚本和 Flash 源文件在同目录下,

脚本代码如下。

```
package {
    import flash.display.MovieClip;
    public class CMyClass extends MovieClip {

        public function CMyClass() {
            // constructor code
        }
    }
}
```

保存当前这个脚本,会看到文档类的输入栏里有了"CMyClass"这行字。

下面代码演示了在文档类内创建文本。

```
package {
    import flash.display.MovieClip;
    import flash.text.TextField;
    public class CMyClass extends MovieClip {
        var tf:TextField=new TextField;
        public function CMyClass() {
            tf.text="文本文档";
            addChild(tf);//这里使用 this 添加也可以
        }
    }
}
```

CMyClass 类由于继承的是 MovieClip 类,所以它自身也成了显示容器,除了在类内部直接使用 addChild 添加显示对象之外,还可以使用 this.addChild()的方法来添加显示对象。

特别注意的是如果这个文档类继承的是 Sprite,那么主时间轴上不允许写任何代码,包括注释。

5.3.5 舞台属性

stage 属性为 Flash 的全局 Stage 对象,内容为当前的舞台对象,里面包含舞台的各种属性,本节介绍常用的舞台属性。

当调整 Flash Player 屏幕的大小时,Flash Player 会自动调整舞台内容来加以补偿。Stage 类的 scaleMode 属性可确定如何调整舞台内容,此属性可以设置为 4 个不同值,和 flash.display.StageScaleMode 类中的常量定义的一样。

- StageScaleMode.EXACT_FIT:按比例缩放 SWF。
- StageScaleMode.SHOW_ALL:确定是否显示边框。
- StageScaleMode.NO_BORDER:确定是否可以部分裁切内容。
- StageScaleMode.NO_SCALE:舞台内容将保持定义的大小。

设置当前的显示属性为显示边框,可以用下面的代码:

stage. scaleMode＝StageScaleMode. SHOW_ALL；

要获得舞台上鼠标的坐标，用舞台的 mouseX 和 mouseY 属性即可，下面的代码演示了实时获得鼠标在舞台上的坐标并通过文本显示在屏幕上。

import flash. events. Event；

import flash. text. TextField；

var tf：TextField＝new TextField；

tf. wordWrap＝true；

stage. addChild(tf)；

stage. addEventListener(Event. ENTER_FRAME，startHandler)；

function startHandler(e：Event)：void

{

　　　tf. text＝"鼠标的 X 坐标是"＋stage. mouseX＋"鼠标的 Y 坐标是"＋stage. mouseY；

}

输出结果如图 5-3-5 所示。

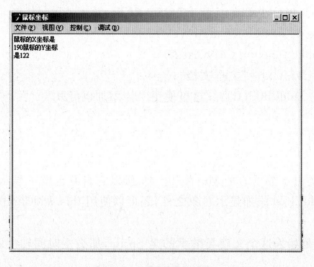

图 5-3-5　获取鼠标坐标

5.4　滤镜

5.4.1　光晕滤镜

滤镜是艺术设计中常见的一种后期设计方法，照相馆为拍摄完毕的照片后期添加柔和光的效果，电视中给人物的脸上打马赛克的效果灯，这一系列在原有的图像上进行后期处理添加的效果都是滤镜。

在 Flash 中使用 ActionScript 3.0 添加滤镜十分简单，首先给滤镜创建对象，然后给想添加滤镜的显示对象的 filters 属性赋值就可以了。这里需要注意的是，滤镜对象的属性改变了，显示对象的滤镜效果并不改变，因为给 filters 的赋值仅仅是滤镜对象的复制,如果想让显示对象的滤镜效果也改变,那么必须再次赋值。

发光滤镜的构造方法和参数为:

GlowFilter(color:uint＝0xff0000,alpha:Number＝1.0,blurX:Number＝6.0,blurY:Number＝6.0,strength:Number＝2,quality:int＝1,inner:Boolean＝false,knockout:Boolean＝false)

• color:发光的颜色。

• alpha:颜色的 Alpha 值(透明度)。有效值为 0.0 到 1.0,默认值为 1.0。例如,0.25即设置透明度值为 25%。

• blurX 和 blurY:水平和垂直模糊量。有效值为 0 到 255.0,默认值为 6.0。把值设为 2 的整次幂(如 2、4、8、16、32 等),经过优化,呈现速度比其他值更快。

• strength:颜色强度,值越大,发光的颜色越深,而且发光与背景之间的对比度也越强。有效值为 0 到 255,默认值为 2。

• quality:应用滤镜的次数。默认值为 BitmapFilterQuality.LOW,应用一次滤镜;值 BitmapFilterQuality.MEDIUM,应用两次滤镜;值 BitmapFilterQuality.HIGH,应用三次滤镜。滤镜应用次数越少,呈现速度越快。

• inner:指定发光是否为内侧发光。值为 true 表示内侧发光。默认值为 false,即外侧发光(对象外缘周围的发光)。

• knockout:指定对象是否具有挖空效果。值为 true 将使对象的填充变为透明,并显示文档的背景颜色。默认值为 false(不应用挖空效果)。

发光滤镜的效果用下面的代码来演示。在舞台上创建 5 个圆形,并转换为影片剪辑,起实例名称为 rc1～rc5,然后在脚本编辑器添加下面的代码。

```
import flash.filters.GlowFilter;
rc1.filters＝[new GlowFilter(0xffff00,0.7,16,16)];
rc2.filters＝[new GlowFilter(0xffff00,0.7,16,16,8)];
rc3.filters＝[new GlowFilter(0xffff00,0.7,16,16,2,BitmapFilterQuality.HIGH)];
rc4.filters＝[new GlowFilter(0xffff00,0.7,16,16,2,BitmapFilterQuality.LOW,true)];
rc5.filters＝[new GlowFilter(0xffff00,0.7,16,16,2,BitmapFilterQuality.LOW,false,true)];
```

最终输出结果如图 5-4-1 所示。

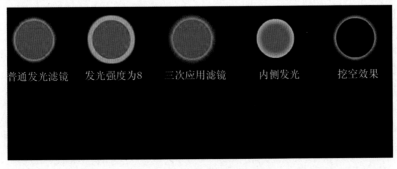

普通发光滤镜　　发光强度为8　　三次应用滤镜　　内侧发光　　挖空效果

图 5-4-1　发光滤镜效果

相对于发光滤镜,模糊滤镜就要简单得多,模糊滤镜的构造方法为:

· BlurFilter(blurX:Number＝4.0,blurY:Number＝4.0,quality:int＝1)

· blurX 和 blurY:水平和垂直模糊量。有效值为从 0 到 255.0,默认值为4.0。把值设为 2 的整次幂(如 2、4、8、16、32 等),经过优化,呈现速度比其他值更快。

· quality:执行模糊的次数。默认值为 BitmapFilterQuality. LOW,应用一次滤镜;值 BitmapFilterQuality. MEDIUM,应用两次滤镜;值 BitmapFilterQuality. HIGH,应用三次滤镜并接近高斯模糊。滤镜应用次数越少,呈现速度越快。

模糊滤镜的效果用下面的代码来演示。在舞台上放置 4 张位图,并转换为影片剪辑,起实例名称为 rc1～rc3,然后在脚本编辑器添加下面的代码。

import flash. filters. BlurFilter;
rc1. filters＝[new BlurFilter(2,2)];
rc2. filters＝[new BlurFilter(4,4)];
rc3. filters＝[new BlurFilter(8,8)];

最终输出结果如图 5-4-2 所示。

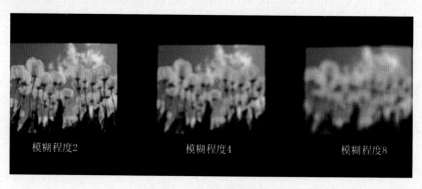

模糊程度2　　　　　　　模糊程度4　　　　　　　模糊程度8

图 5-4-2　模糊滤镜效果

5.4.2　投影滤镜

投影滤镜能模拟出根据光照方向给被照射物打出投影的效果,使物体具有立体效果,投影滤镜的构造方法为:

DropShadowFilter(distance:Number＝4.0,angle:Number＝45,color:uint＝0,alpha:Number＝1.0,blurX:Number＝4.0,blurY:Number＝4.0,strength:Number＝1.0,quality:int＝1,inner:Boolean＝false,knockout:Boolean＝false,hideObject:Boolean＝false)

· distance:阴影的偏移距离,以像素为单位。默认值为 4.0。

· angle:光源的角度,光源的发光起始方向为 x 的正方向,角度增加绕顺时针旋转。有效值为 0 到 360°,默认值为 45。

· color:阴影的颜色。有效值采用十六进制格式 0xRRGGBB,默认值为 0x000000。

· alpha:阴影颜色的 Alpha 值(透明度)。有效值为 0.0 到 1.0,默认值为 1.0。例如,0.25 即设置透明度值为 25%。

· blurX 和 blurY 属性:水平和垂直模糊量。有效值为 0 到 255.0(浮点),默认值为 4.0。

- strength:滤镜颜色强度。值越高,阴影的颜色越深,而且阴影与背景之间的对比度也越强。有效值为 0 到 255.0,默认值为 1.0。
- quality:应用滤镜的次数。默认值为 BitmapFilterQuality. LOW,应用一次滤镜;值 BitmapFilterQuality. MEDIUM,应用两次滤镜;值 BitmapFilterQuality. HIGH 应用三次滤镜。
- inner:指定阴影是否为内侧阴影。值为 true 表示内侧阴影。默认值为 false,即外侧阴影(对象外缘周围的阴影)。
- knockout:指定对象是否具有挖空效果。值为 true 将使对象的填色变为透明,并显示文档的背景颜色。默认值为 false(不应用挖空效果)。
- hideObject:指定是否隐藏对象。值为 true,则表示没有绘制对象本身,只有阴影是可见的。默认值为 false(显示对象)。

投影滤镜的效果用下面的代码来演示。在舞台上创建 5 个方形,并转换为影片剪辑,起实例名称为 rc1～rc5,然后在脚本编辑器添加下面的代码。

```
import flash. filters. BlurFilter;
rc1. filters＝[new DropShadowFilter];
rc2. filters＝[new DropShadowFilter(8)];
rc3. filters＝[new DropShadowFilter(4,135)];
rc4. filters＝[new DropShadowFilter(4,45,0x00ff00)];
rc5. filters＝[new DropShadowFilter(4,45,0x000000,0.4)];
```

最终输出结果如图 5-4-3 所示。

| 默认投影滤镜 | 距离为8 | 发光方向为135度 | 投影颜色为绿色 | 阴影的透明度为0.4 |

图 5-4-3 投影滤镜效果

斜角滤镜和投影滤镜相似,能使显示对象不仅有阴影而且也有高光效果,斜角滤镜的构造方法为:

BevelFilter(distance:Number＝4.0,angle:Number＝45,highlightColor:uint＝0xffffff,highlightAlpha:Number＝1.0,shadowColor:uint＝0x000000,shadowAlpha:Number＝1.0,blurX:Number＝4.0,blurY:Number＝4.0,strength:Number＝1,quality:int＝1,type:String＝"inner",knockout:Boolean＝false)

- distance:斜角的偏移距离。有效值以像素为单位,默认值为 4.0。
- angle:光源的角度。光源的发光起始方向为 x 的正方向,角度增加绕顺时针旋转。有效值为 0 到 360°,默认值为 45。
- highlightColor:斜角的加亮颜色。有效值采用十六进制格式,0xRRGGBB。默认值为 0xffffff。

• highlightAlpha：加亮颜色的 Alpha 值（透明度）。该值被指定为 0 到 1.0 之间的标准值，默认值为 1.0。例如，0.25 即设置透明度值为 25%。

• shadowColor：斜角的阴影颜色。有效值采用十六进制格式，0xRRGGBB，默认值为 0x000000。

• shadowAlpha：阴影颜色的 Alpha 值（透明度）。该值被指定为 0 到 1.0 之间的标准值，默认值为 1.0。例如，0.25 即设置透明度值为 25%。

• blurX 和 blurY：水平和垂直模糊量，以像素为单位。有效值为从 0 到 255.0，默认值为 4.0。把值设为 2 的整次幂值（如 2、4、8、16、32 等），经过优化，呈现速度比其他值更快。

• strength：高光的强度。有效值为 0 到 255，默认值为 1.0。该值越大，高光的颜色越深，而且斜角与背景之间的对比度也越强。

• quality：应用滤镜的次数。默认值为 BitmapFilterQuality. LOW，应用一次滤镜；值 BitmapFilterQuality. MEDIUM，应用两次滤镜；值 BitmapFilterQuality. HIGH，应用三次滤镜。

• type：斜角在对象上的位置。内斜角和外斜角被放置在内缘或外缘上；完全斜角被放置在整个对象上。有效值为 BitmapFilterType 常量：BitmapFilterType. INNER，BitmapFilterType. OUTER，BitmapFilterType. FULL。

• knockout：指定对象是否具有挖空效果。值为 true 将使对象的填色变为透明，并显示文档的背景颜色。默认值为 false（不应用挖空效果）。

斜角滤镜的效果用下面的代码来演示。在舞台上创建 5 个方形，并转换为影片剪辑，起实例名称为 rc1～rc5，然后在脚本编辑器添加下面的代码。

```
import flash. filters. BlurFilter;
rc1. filters＝[new BevelFilter];
rc2. filters＝[new BevelFilter(8)];
rc3. filters＝[new BevelFilter(4,135)];
rc4. filters＝[new BevelFilter(4,45,0x00ff00,0.4)];
rc5. filters＝[new BevelFilter(4,45,0xffffff,1,0x000000,1,4,4,1,1,BitmapFilterType. INNER,true)];
```

最终输出结果如图 5-4-4 所示。

默认斜角滤镜　　　距离为8　　　发光方向为135度　　　投影颜色为绿色，　　　挖空
　　　　　　　　　　　　　　　　　　　　　　　　　　透明为0.4

图 5-4-4　斜角滤镜效果

5.4.3　颜色矩阵滤镜

ColorMatrixFilter 类可以将 4×5 矩阵转换应用于输入图像上的每个像素的 RGB

颜色和 Alpha 值，以生成具有一组新的 RGB 颜色和 Alpha 值的结果。该类允许饱和度更改、色相旋转、亮度和对比度更改以及各种其他效果。

颜色矩阵滤镜的构造方法为：

ColorMatrixFilter(matrix：Array＝null)

• matrix：由 20 个项目组成的数组，适用于 4×5 颜色转换。matrix 属性不能通过直接修改它的值来更改（例如 myFilter.matrix[2]＝1;），必须先获取对数组的引用，对引用进行更改，然后重置该值。

颜色矩阵滤镜将每个源像素分离成它的红色、绿色、蓝色和 Alpha 成分，分别以 srcR、srcG、srcB 和 srcA 表示。若要计算四个通道中每个通道的结果，可将图像中每个像素的值乘以转换矩阵中的值。还可以将偏移量（介于－255 至 255 之间）添加到每个结果（矩阵的每行中的第五项）中。滤镜将各颜色成分重新组合为单一像素，并写出结果。在下列公式中，a[0] 到 a[19] 对应于由 20 个项目组成的数组中的条目 0 至 19，该数组已传递到 matrix 属性：

redResult＝(a[0]*srcR)＋(a[1]*srcG)＋(a[2]*srcB)＋(a[3]*srcA)＋a[4]

greenResult＝(a[5]*srcR)＋(a[6]*srcG)＋(a[7]*srcB)＋(a[8]*srcA)＋a[9]

blueResult＝(a[10]*srcR)＋(a[11]*srcG)＋(a[12]*srcB)＋(a[13]*srcA)＋a[14]

alphaResult＝(a[15]*srcR)＋(a[16]*srcG)＋(a[17]*srcB)＋(a[18]*srcA)＋a[19]

对于数组中的每个颜色值，值 1 等于正发送到输出的通道的 100%，同时保留颜色通道的值。

5.4.4 卷积滤镜

ConvolutionFilter 是一个滤镜对话框上没有出现的滤镜。卷积滤镜将输入图像的像素与相邻的像素合并以生成图像。通过卷积，可以实现大量的图像效果，包括模糊、边缘检测、锐化、浮雕和斜角等。

卷积滤镜的构造方法如下：

ConvolutionFilter(matrixX：Number＝0，matrixY：Number＝0，matrix：Array＝null，divisor：Number＝1.0，bias：Number＝0.0，preserveAlpha：Boolean＝true，clamp：Boolean＝true，color：uint＝0，alpha：Number＝0.0)

• matrixX 和 matrixY：矩阵的 x 和 y（矩阵中列和行的数目）。默认值为 0。

• matrix：用于矩阵转换的值的数组。数组中的项数必须等于 matrixX×matrixY。矩阵数组是基于一个 n×m 矩阵，该矩阵说明输入图像中的给定像素值如何与其相邻的像素值合并以生成最终的像素值。每个结果像素通过将矩阵应用到相应的源像素及其相邻像素来确定。

• divisor：矩阵转换中使用的除数。默认值为 1。如果除数是所有矩阵值的总和，则可调平结果的总体色彩强度。忽略 0 值，此时使用默认值。

• bias：要添加到矩阵转换结果中的偏差量。偏差可增加每个通道的颜色值，以便暗色变得较明亮。默认值为 0.0。

• preserveAlpha：指示是否已保留 Alpha 通道并且不使用滤镜效果，或是否对 Alpha 通道以及颜色通道应用卷积滤镜。值为 false 表示卷积应用于所有通道，包括

Alpha 通道。值为 true 表示只对颜色通道应用卷积。默认值为 true。

　　•clamp：指定是否应锁定图像。对于源图像之外的像素，如果值为 true，则表明通过复制输入图像每个相应的边缘处的颜色值，沿着输入图像的每个边框按需要扩展输入图像。如果值为 false，则表明应按照 color 和 alpha 属性中的指定使用其他颜色。默认值为 true。

　　•color：要替换源图像之外的像素的十六进制颜色。它是一个没有 Alpha 成分的 RGB 值。默认值为 0。

　　•alpha：替换颜色的 Alpha 值（透明度）。有效值为 0 到 1.0，默认值为 0.0。例如，0.25 即设置透明度值为 25％。

　　卷积滤镜的效果用下面的代码来演示。在舞台上放置 4 张位图，并转换为影片剪辑，起实例名称为 rc1～rc4，然后在脚本编辑器添加下面的代码。

```
import flash.filters.ConvolutionFilter;
//模糊效果
var matrix1:Array=
[0,1,0,
1,5,1,
0,1,0];
//锐化
var matrix2:Array=
[0,-1,0,
-1,5,-1,
0,-1,0];
//边缘显示
var matrix3:Array=
[0,-1,0,
-1,4,-1,
0,-1,0];
//浮雕
var matrix4:Array=
[-2,-1,0,
-1,1,1,
0,1,2];
rc1.filters=[new ConvolutionFilter(3,3,matrix1,5)];
rc2.filters=[new ConvolutionFilter(3,3,matrix2,1)];
rc3.filters=[new ConvolutionFilter(3,3,matrix3,1)];
rc4.filters=[new ConvolutionFilter(3,3,matrix4,1)];
```

最终输出结果如图 5-4-5 所示。

| 模糊 | 锐化 | 边缘显示 | 浮雕 |

图 5-4-5 卷积滤镜效果

其中数组都代表的 3×3 的矩阵,这个矩阵包括 9 个值:

```
N   N   N
N   P   N
N   N   N
```

Flash Player 对显示对象应用卷积滤镜时,会将像素本身的颜色值(本示例中的"P"),以及周围像素的值(本示例中的"N")进行综合运算。而通过设置矩阵中的值,可以指定特定像素在影响生成的图像方面所具有的优先级。divisor 指最终的运算完毕的像素值所要赋予的被除数,因为最终像素颜色值的计算方法是用原始像素颜色乘以矩阵值,将这些值加在一起,再除以滤镜的 divisor 属性的值。要特别注意的是 divisor 不能为 0。

例如以下矩阵:

```
1    1     1
1    100   1
1    1     1
```

然后 divisor 设置为 100,可以发现这个滤镜会让图像稍微变亮了一点,但是几乎看不到任何模糊,因为像素本身颜色值的运算比重是 100,周围像素的运算比重就显得微不足道。

本章小结

如果画面表现力不够,特效显示不精彩,这个项目就很难吸引人。本章学习如何给显示对象添彩的技术,掌握好显示特效制作技术,能使自己的作品高人一筹,在商业性项目中竞争性也更强。

课后练习

测试所有的滤镜,并修改参数,体会参数变化带来的效果变化。

交互式设计

人对计算机的所有可输入硬件（键盘、鼠标、麦克风、摄像头等）的操作，都可以说是交互式设计，最终所操作的结果会通过扬声器或屏幕输出给用户。在 Flash 的学习中，交互式设计尤其关键，涉及的范围极其广泛，包括课件、动画和游戏等，本章将学习如何在 Flash 中加入互动。

6.1 事件与响应

大多数 SWF 文件都支持某些类型的用户交互，既有像响应鼠标单击这样简单的用户交互，也有像接受和处理表单中输入的数据这样复杂的用户交互，与 SWF 文件进行的任何此类用户交互都可以视为事件。同时也可能会在没有任何直接用户交互的情况下发生事件，例如，从服务器加载完数据或者连接的摄像头变为活动状态时。

在 ActionScript 3.0 中，每个事件都由一个事件对象表示。事件对象是 Event 类或其某个子类的实例，事件对象不但存储有关特定事件的信息，还包含便于操作事件对象的方法。例如最常用到的播放头事件：

stage. addEventListener(Event. ENTER_FRAME, startHandler);

第一个参数 Event. ENTER_FRAME 指当发生播放头事件的时候，第二个参数指就要做 startHandler 这件事。这个事件解释起来就是当发生 Event. ENTER_FRAME 这件事，就要做 startHandler 这件事。

可以与"人饿了"进行类比，"人饿了"事件可描述为："human. addEventListener (饿, 吃);"，这个事件解释起来就是：当人发生饿了这事的时候，就要做吃饭这件事。

6.2 交互设计

6.2.1 自定义事件

我们前面所接触到的、所用的所有事件都是由 Flash 定义好的，下面将演示如何定义用户自定义事件。

addEventListener()方法是 IEventDispatcher 接口的主要函数，使用它来注册侦听器函数。两个必需的参数是 type 和 listener, type 参数用于指定事件的类型，listener 参数用于指定发生事件时将执行的侦听器函数，listener 参数可以是对函数或类方法的引用。

所能使用 addEventListener 的类必须继承于 EventDispatcher 这个类，并且用字符串定义一个属于自己的事件名称，然后在合适的时候把这个事件加入到事件流中，这样这个类就可以使用 addEventListener 来监听这个事件是否触发了。

下面的代码演示一个有事件的类。

```
package{
    import flash. events. EventDispatcher;
    import flash. events. Event;
    public class CMyEventClass extends EventDispatcher {
        public const GUESS_NUMBER：String＝"猜数字";

        public function CMyEventClass()：void {
        }
        public function Guess(a：int)：void {
            if(a＝＝1){
                dispatchEvent(new Event(GUESS_NUMBER));
            }


        }
    }
}
```

然后在主时间轴上添加下面的代码。

```
import CMyEventClass;
var cm：CMyEventClass＝new CMyEventClass;
cm. addEventListener(cm. GUESS_NUMBER,gn);
function gn(e：Event)：void {
    trace("恭喜你猜对了");
}
cm. Guess(1);
```

其中 GUESS_NUMBER 为一个事件，事件流中会加入这个猜数字的事件，当数字猜对的时候就会触发 gn 这件要做的事。

```
public function Guess(a：int)：void {
        if (a＝＝1) {
            dispatchEvent(new Event(GUESS_NUMBER));
        }


    }
```

这个函数非常重要，当参数为 1 的时候，就会将 GUESS_NUMBER 这个事件添加到事件流中。

6.2.2 鼠标和键盘事件

鼠标与键盘可以说是计算机最常见的输入设备,在 Flash 游戏或者是互动性的项目中,这两个硬件设备使用频率更高,所以掌握鼠标和键盘在 ActionScript 3.0 里的使用方法可以说是整个互动设计中的核心。

1. 常见鼠标事件的处理

鼠标的常见操作有鼠标单击,鼠标按下,鼠标抬起,鼠标经过和鼠标离开。

首先在舞台上绘制 4 个圆形,并转换为影片剪辑,起名为 rc1～rc4,如图 6-2-1 所示。

鼠标单击   鼠标按下   鼠标抬起   鼠标经过和离开

图 6-2-1　鼠标事件处理

然后在主时间轴上添加下面的代码。

```
rc1.addEventListener(MouseEvent.CLICK,clickHandler);
function clickHandler(e:MouseEvent):void
{
    rc1.filters=[new GlowFilter(0xff0000,0.9,8,8)];
}


rc2.addEventListener(MouseEvent.MOUSE_DOWN,downHandler);
function downHandler(e:MouseEvent):void
{
    rc2.filters=[new GlowFilter(0x00ff00,0.9,8,8)];
}


rc3.addEventListener(MouseEvent.MOUSE_UP,upHandler);
function upHandler(e:MouseEvent):void
{
    rc3.filters=[new GlowFilter(0x0000ff,0.9,8,8)];
}
rc4.addEventListener(MouseEvent.MOUSE_OVER,overHandler);
function overHandler(e:MouseEvent):void
{
    rc4.filters=[new GlowFilter(0xff00ff,0.9,8,8)];
}
rc4.addEventListener(MouseEvent.MOUSE_OUT,outHandler);
```

```
function outHandler(e:MouseEvent):void
{
    rc4.filters=[new GlowFilter(0x00ff00,0.9,8,8)];
}
```

输出动画,可以测试鼠标与4个影片剪辑的交互效果。如图6-2-2所示。

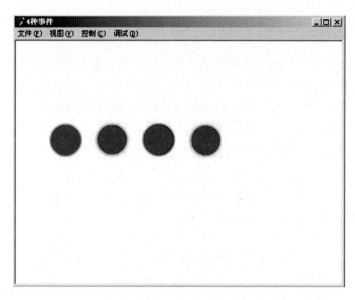

图 6-2-2   测试效果

2. 优化鼠标事件的处理

从上面的代码中可以看到一个设计上的问题,那就是如果要设计的页面上需要互动的元件过多,就需要添加很多事件,下面将解决这个问题。

首先把主时间轴上的代码替换为下面的代码。

```
stage.addEventListener(MouseEvent.CLICK,clickHandler);
function clickHandler(e:MouseEvent):void {
    trace(e);
    trace(e.target);
}
```

其中 e 代表鼠标触发的事件的详细信息,而 e.target 代表什么东西与鼠标触发了事件响应。

输出代码,分别在影片剪辑和舞台上单击鼠标,可以看见输出内容如下所示。

[MouseEvent type="click" bubbles=true cancelable=false eventPhase=3 localX=−4 localY=−1 stageX=146.95000000000002 stageY=199.5 relatedObject=null ctrlKey=false altKey=false shiftKey=false delta=0]

[object MovieClip]

[MouseEvent type="click" bubbles=true cancelable=false eventPhase=2 localX=286 localY=271 stageX=286 stageY=271 relatedObject=null ctrlKey=false altKey=false shiftKey=false delta=0]

[object Stage]

把以上代码替换成以下代码：

```
stage. addEventListener(MouseEvent. CLICK, clickHandler);
function clickHandler(e:MouseEvent):void {
    trace(e. target. name);
}
```

输出代码，用鼠标分别单击每个影片剪辑，可以看见分别输出了 rc1～rc4 4 个小球。

真正的使用中就可以通过判断名字来对所响应的影片剪辑做相应的处理了，修改第 1 点中的代码如下。

```
stage. addEventListener(MouseEvent. CLICK, clickHandler);
function clickHandler(e:MouseEvent):void {
    switch (e. target. name) {
        case "rc1":
            rc1. filters=[new GlowFilter(0xff0000,0.8,8,8)];
            break;
        case "rc2":
            rc2. filters=[new GlowFilter(0x00ff00,0.8,8,8)];
            break;
        case"rc3":
            rc3. filters=[new GlowFilter(0x0000ff,0.8,8,8)];
            break;
        case"rc4":
            rc4. filters=[new GlowFilter(0x0088ee,0.8,8,8)];
            break;
    }
}
```

输出代码测试鼠标与影片剪辑的互动效果，可以发现同样的结果，代码比前面给每一个影片剪辑添加事件要简单多了。

3. 键盘事件的处理

键盘的响应操作要比鼠标的简单得多，因为键盘就只有两个事件，按键按下和按键抬起。

在测试键盘响应之前一定要把"禁用快捷键"选项选上，如图 6-2-3 所示，否则在测试键盘的时候，很多按键会因为是快捷键而直接操作 Flash 编辑器。

下面要实现的内容很简单，用"w"、"s"、"a"和"d"几个按键控制一个影片剪辑的移动。首先在舞台上绘制一个图形并转换为影片剪辑，起名为 rc，然后在主时间轴上添加下面的代码。

```
stage. addEventListener(KeyboardEvent. KEY_DOWN, downHandler);
function downHandler(e:KeyboardEvent):void {
    switch (e. charCode) {
```

```
            case 'a'. charCodeAt()：
       case 'A'. charCodeAt()：
            rc. x－＝5；
            break；
       case 'w'. charCodeAt()：
       case 'W'. charCodeAt()：
            rc. y－＝5；
            break；
       case 's'. charCodeAt()：
       case 'S'. charCodeAt()：
            rc. y＋＝5；
            break；
       case 'd'. charCodeAt()：
       case 'D'. charCodeAt()：
            rc. x＋＝5；
            break；
       }
    }
```

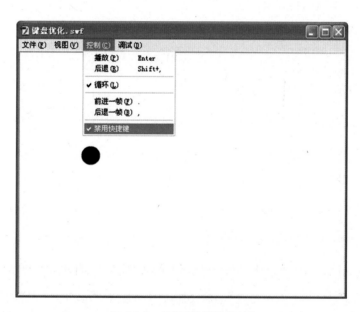

图 6-2-3　选择"禁用快捷键"

其中 e. charCode 代表键盘所按下按键的虚拟键码，a 键为 97，b 键为 98，A 键为 65，B 键为 66，大小写之间相差 32，依此类推。

输出代码测试上面的动画，会发现一个很严重的问题，影片剪辑的移动并不是即时移动，而是在按键按下延时一会之后才开始移动，而且也不支持斜向移动，这种移动的方式在游戏或互动软件里是不允许的。因此在游戏或互动软件中需要对它进行优化。

4. 优化键盘事件的处理

下面的代码为游戏键盘操作的部分,将上个例子的代码修改为下面的代码,优化键盘的响应。

```
var up_state:Boolean=false;
var down_state:Boolean=false;
var left_state:Boolean=false;
var right_state:Boolean=false;

stage. addEventListener(KeyboardEvent. KEY_DOWN,downHandler);
stage. addEventListener(KeyboardEvent. KEY_UP,upHandler);
stage. addEventListener(Event. ENTER_FRAME,startHandler);

function downHandler(e:KeyboardEvent):void
{
    switch(e. charCode)
    {
        case 'a'. charCodeAt():
        case 'A'. charCodeAt():
            left_state=true;
            break;
        case 'w'. charCodeAt():
        case 'W'. charCodeAt():
            up_state=true;
            break;
        case 's'. charCodeAt():
        case 'S'. charCodeAt():
            down_state=true;
            break;
        case 'd'. charCodeAt():
        case 'D'. charCodeAt():
            right_state=true;
    }
}
function upHandler(e:KeyboardEvent):void
{
    switch (e. charCode)
    {
        case 'a'. charCodeAt():
        case 'A'. charCodeAt():
```

```
                left_state=false;
                break;
            case 'w'. charCodeAt():
            case 'W'. charCodeAt():
                up_state=false;
                break;
            case 's'. charCodeAt():
            case 'S'. charCodeAt():
                down_state=false;
                break;
            case 'd'. charCodeAt():
            case 'D'. charCodeAt():
                right_state=false;
        }
    }

function startHandler(e:Event):void
{
    if (up_state)
    {
        rc. y-=  5;
    }
    if (down_state)
    {
        rc. y+=  5;
    }
    if (left_state)
    {
        rc. x-=  5;
    }
    if (right_state)
    {
        rc. x+=  5;
    }
}
```

　　这是一个非常巧妙的设计,在播放头事件里不断地判断着哪个按键是否按下了,如果按下了该如何处理,使用了 4 个布尔变量来记录哪个状态的按键被按下。

　　输出上面的代码测试动画效果可以发现运动非常流畅,而且支持物体的斜向运动,如图 6-2-4 所示。

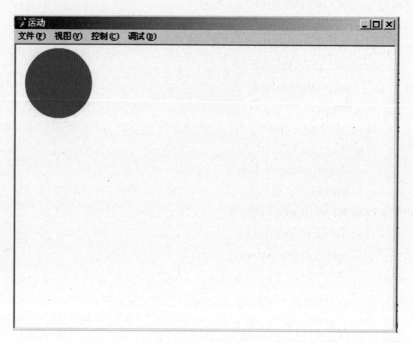

图 6-2-4　测试效果

6.2.3　麦克风交互设计

麦克风是现在计算机的常见输入设备,主要用于聊天、录音等功能,本节主要学习麦克风类的使用方法,以及如何使用麦克风制作出比较有意思的互动性小游戏。

1. 简单使用麦克风类

在 Flash 中可通过 Microphone 类连接到用户系统上的麦克风或其他声音输入设备,并将输入音频广播到该系统的扬声器,或将音频数据发送到远程服务器,如 Flash Media Server。

Microphone 类没有构造函数方法,可以使用静态 Microphone. getMicrophone()方法来创建新的 Microphone 实例,如下所示:

var mic:Microphone＝Microphone. getMicrophone();

当不使用参数调用 Microphone. getMicrophone()方法时,将返回在用户系统上发现的第一个声音输入设备。

当系统连接多个声音输入设备时,应用程序可以使用 Microphone. names 属性来获取所有可用声音输入设备名称的数组,并使用 index 参数(与数组中设备名称的索引值相匹配)来调用 Microphone. getMicrophone()方法。

当系统没有连接麦克风或其他声音输入设备时,可以使用 Microphone. names 属性或 Microphone. getMicrophone()方法来检查用户是否安装了声音输入设备。如果用户未安装声音输入设备,则 names 数组的长度为 0,并且 getMicrophone()方法返回值为 null。

可以使用参数值 true 调用 Microphone. setLoopback()方法,以将来自麦克风的音频输入传送到本地系统扬声器。

如果将来自本地麦克风的声音传送到本地扬声器,则会存在创建音频回馈循环的风险,指麦克风输入的声音通过扬声器又传入到麦克风中。使用参数值 true 调用 Microphone. setUseEchoSuppression()方法可降低发生音频回馈的风险,但不会完全消除该风险。所以在调用 Microphone. setLoopback(true)之前务必要调用 Microphone. setUseEchoSuppression(true),除非确信用户使用耳机,或者使用除扬声器以外的某种设备来回放声音。

下面的代码示例如何将来自本地麦克风的声音传送到本地系统扬声器。

var mic:Microphone＝Microphone. getMicrophone();

mic. setUseEchoSuppression(true);

mic. setLoopBack(true);

输出结果如图 6-2-5 所示。

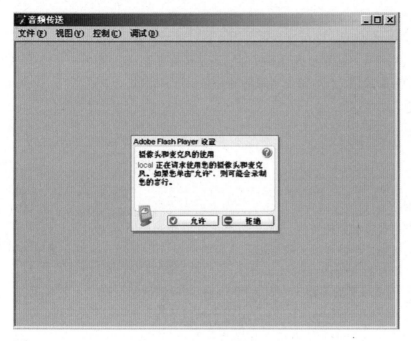

图 6-2-5　调用麦克风

当应用程序调用 Microphone. getMicrophone()方法时,Flash Player 将显示"Flash Player 设置"对话框,它提示用户允许或拒绝 Flash Player 对系统上的摄像头和麦克风的访问。在用户单击此对话框中的"允许"或"拒绝"按钮后,将调用 StatusEvent。该 StatusEvent 实例的 code 属性指定是允许还是拒绝对麦克风的访问,如下面的代码所示。

var mic:Microphone＝Microphone. getMicrophone();

mic. addEventListener(StatusEvent. STATUS,this. onMicStatus);

mic. setUseEchoSuppression(true);

mic. setLoopBack(true);

function onMicStatus(event:StatusEvent):void

```
{
    if（event. code＝＝"Microphone. Unmuted"）
    {
        trace("麦克风的访问被允许");
    }
    else if(event. code＝＝"Microphone. Muted")
    {
        trace("麦克风的访问被拒绝");
    }
}
```

输出上面的代码选择"允许"或"拒绝"后，可以对麦克风说话，测试效果并查看输出内容。

2. 设定麦克风音量大小

修改 Microphone. gain 属性可以修改麦克风的音量大小，接受 0 和 100 之间的数值（含 0 和 100）。值 50 相当于乘数 1，它指定正常音量；值 0 相当于乘数 0，可以有效地将输入音频静音；大于 50 的值指定的音量高于正常音量。

添加下面的代码。

```
var mic：Microphone＝Microphone. getMicrophone()；
mic. setUseEchoSuppression(true)；
mic. setLoopBack(true)；
mic. gain＝0；
```

输出动画，可以发现无论用多大的声音对麦克风喊，扬声器始终是静音的。

为节省带宽和处理资源，Flash Player 可以检测何时麦克风不传输声音。当麦克风的活动级别处于静音级别阈值以下一段时间后，Flash Player 停止传输音频输入，并调用一个简单的 ActivityEvent 事件。

Microphone 类的下面三个属性用于监视和控制活动检测：

（1）activityLevel：只读属性，指定麦克风检测的音量，范围从 0 到 100。

（2）silenceLevel：指定激活麦克风并调度 ActivityEvent. ACTIVITY 事件所需的音量。silenceLevel 属性也使用从 0 到 100 的范围，默认值为 10。

（3）silenceTimeout：描述活动级别处于静音级别以下多长时间（以毫秒为单位）后，才会调用 ActivityEvent. ACTIVITY 事件以指示麦克风现在处于静音状态。silenceTimeout 默认值是 2000。

Microphone. silenceLevel 属性和 Microphone. silenceTimeout 属性都是只读的，但可以使用 Microphone. setSilenceLevel()方法来更改它们的值。

在某些情况下，在检测到新活动时激活麦克风的过程可能会导致短暂的延迟。通过将麦克风始终保持活动状态，可以消除此类激活延迟。应用程序可以调用 Microphone. setSilenceLevel()方法并将 silenceLevel 参数设置为 0，以通知 Flash Player 将麦克风保持活动状态并持续收集音频数据，即使未检测到任何声音也是如此。反之，如果将 silenceLevel 参数设置为 100，则可以完全禁止激活麦克风。

下面的代码显示 Microphone 对象调用的活动事件。

```
import flash. events. ActivityEvent;
import flash. events. StatusEvent;
import flash. media. Microphone;
var mic:Microphone=Microphone. getMicrophone();
mic. gain=60;
mic. setUseEchoSuppression(true);
mic. setLoopBack(true);
mic. setSilenceLevel(10,1000);
mic. addEventListener(ActivityEvent. ACTIVITY,this. onMicActivity);
function onMicActivity(event:ActivityEvent):void
{
        trace("当前麦克风的激活状态是"+event. activating+",当前音量大小是
="+mic. activityLevel);
}
```

3. 和麦克风有关的互动设计

下面设计一个简单使用麦克风玩的小游戏。一个小球从左向右运动,并且受到重力的作用,在舞台的右边有一个红色的目的地,吹麦克风的时候小球会向上飞一点,所飞的长度和作用于麦克风的音量大小有关。游戏中控制音量大小以让小球成功触碰到红色的目的地。

首先在舞台的左面绘制一个球并转换为影片剪辑,起名为 rc,在舞台的右面绘制一个椭圆,起名为 dest,然后在主时间轴上添加下面的代码。

```
import flash. events. ActivityEvent;
import flash. events. StatusEvent;
import flash. media. Microphone;

var speed:int=0;
var move_state:Boolean=false;
var mic:Microphone=Microphone. getMicrophone();
mic. gain=80;
mic. setUseEchoSuppression(true);
mic. setLoopBack(true);
mic. setSilenceLevel(10,200);

mic. addEventListener(ActivityEvent. ACTIVITY,this. onMicActivity);
stage. addEventListener(Event. ENTER_FRAME,startHandler);

function onMicActivity(event:ActivityEvent):void {
    move_state=event. activating;
    speed=mic. activityLevel;
}
```

```
function startHandler(e:Event):void {
    rc.x+=2;
    rc.y+=3;
    if (move_state) {
        rc.y-=speed/8;
    }
    if (rc.hitTestObject(dest)) {
        trace("成功到达目的地");
    }
}
```

输出结果如图 6-2-6 所示。

其中"mic.setSilenceLevel(10,200);"之所以要把激活时间间隔设置成这么小,就是为了及时修改小球的上下运动速度"speed"。

播放头事件里,不断修改小球的 x,y 坐标来达到控制小球的移动。

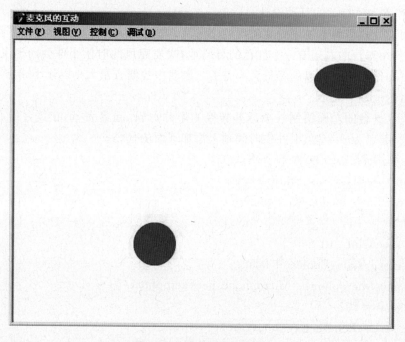

图 6-2-6 麦克风互动游戏

输出代码测试动画,需要小心控制对麦克风吹起的音量大小,当小球碰到椭圆的目的地的时候,会看到输出"成功到达目的地"的字样。

6.2.4 摄像头交互设计

摄像头可以说是网络用户常接触的一个输入设备,例如视频聊天、视频会议等,本节将学习摄像头相关的知识。

1. 摄像头类简介

使用 Camera 类可以连接到用户的本地摄像头并在本地广播视频(回放给用户),

或将其广播到远程服务器（比如 Flash Media Server）。

Camera 类包括多个有用的方法和属性，通过这些方法和属性可以使用 Camera 对象。Camera 类没有构造函数方法。若要创建新的 Camera 实例，可以使用静态 Camera.getCamera()方法，这和上节麦克风的处理办法一致，如下所示：

```
var cam:Camera=Camera.getCamera();
```

2. 在舞台上添加摄像头的视频内容

在舞台上添加摄像头的视频内容非常简单，Video 类是个显示对象，只要将摄像头挂接到 Video 对象上，再将 Video 对象作为子对象添加到舞台上就可以了。

下面的代码演示了如何在舞台上添加摄像头的视频。

```
var cam:Camera=Camera.getCamera();
var vid:Video=new Video();
vid.attachCamera(cam);
addChild(vid);
```

3. 检测摄像头的启用

检测摄像头的启用这点和麦克风的处理是一样的。下面的代码演示了如何检测摄像头是否被用户允许使用。

```
var cam:Camera=Camera.getCamera();
cam.addEventListener(StatusEvent.STATUS,statusHandler);
var vid:Video=new Video();
vid.attachCamera(cam);
addChild(vid);
function statusHandler(event:StatusEvent):void {
//当用户在"Flash Player 设置"对话框中单击"允许"或"拒绝"按钮时调度此
事件。
    trace(event.code);//"Camera.Muted"或"Camera.Unmuted"
}
```

4. 摄像头视频的宽度和高度

默认情况下，Video 类的新实例的尺寸为 320×240 像素。为了最优化视频品质，应始终确保视频对象与 Camera 对象返回的视频具有相同的尺寸。使用 Camera 类的 width 和 height 属性，可以获取 Camera 对象的宽度和高度，然后将该视频对象的 width 和 height 属性设置为与 Camera 对象的尺寸相符，也可以采用将 Camera 对象的宽度和高度传递给 Video 类的构造函数方法，如下面的代码片断所示。

```
var cam:Camera=Camera.getCamera();
if(cam!=null)
{
    var vid:Video=new Video(cam.width,cam.height);
    vid.attachCamera(cam);
    addChild(vid);
}
```

由于 getCamera()方法返回对 Camera 对象的引用（在没有可用摄像头时返回

null），因此，即使用户拒绝访问其摄像头，也可以访问 Camera 对象的方法和属性。这样可以使用摄像头的本机高度和宽度设置视频实例的尺寸，如下面的代码所示：

```
var vid:Video；
var cam:Camera＝Camera.getCamera()；

if（cam＝＝null）
{
    trace("找不到可用的摄像头。")；
}
else
{
    trace("找到摄像头："＋cam.name)；
    cam.addEventListener(StatusEvent.STATUS,statusHandler)；
    vid＝new Video()；
    vid.attachCamera(cam)；
}
function statusHandler(event:StatusEvent):void
{
    if（cam.muted）
    {
        trace("无法连接到活动摄像头。")；
    }
    else
    {
        //调整 Video 对象的大小，使之与摄像头设置相符，并将该视频添加到显示列表中。
        vid.width＝cam.width；
        vid.height＝cam.height；
        addChild(vid)；
    }
    //删除 status 事件侦听器。
    cam.removeEventListener(StatusEvent.STATUS,statusHandler)；
}
```

5.和摄像头有关的互动设计

由于 Video 类为显示对象，所以可以利用这点制作常见的哈哈镜效果。主要设计思路是，使用摄像头类捕获到玩家的面孔，然后将其挂接到 Video 类上，对 Video 类进行滤镜的操作，把 Video 对象添加到舞台上。

首先在舞台上添加一个 list 组件，如图 6-2-7 所示。

Flex
User Interface
Button
CheckBox
ColorPicker
ComboBox
DataGrid
Label
List
NumericStepper
List
ProgressBar
RadioButton
ScrollPane
Slider
TextArea
TextInput
TileList
UILoader

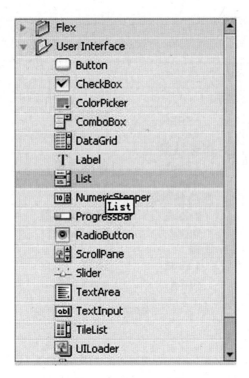

图 6-2-7　添加 list 组件

为影片剪辑起名为 list，单击属性中的“dataProvider”项，如图 6-2-8 所示。

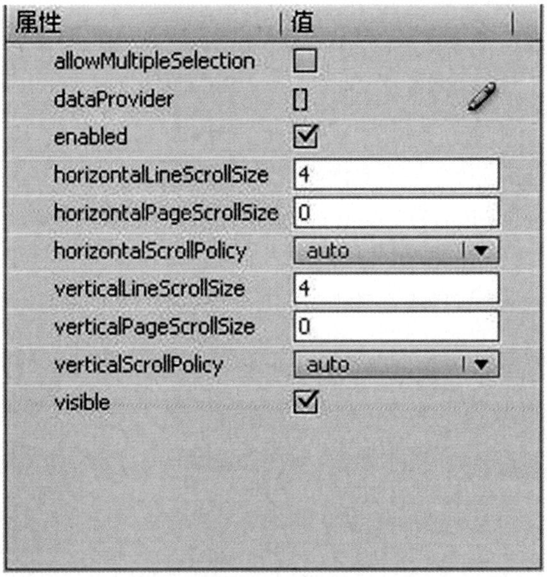

属性
值
allowMultipleSelection
dataProvider
[]
enabled
horizontalLineScrollSize
4
horizontalPageScrollSize
0
horizontalScrollPolicy
auto
verticalLineScrollSize
4
verticalPageScrollSize
0
verticalScrollPolicy
auto
visible

图 6-2-8　组件的属性

在弹出的值对话框中，单击“加号”为添加一个新的效果项，单击 4 次“+”，添加 4 个新效果项，并按图 6-2-9 所示修改值。

图 6-2-9　在值对话框中添加效果项

每个项都由一个 label 标签和一个 data 属性组成,标签为当前 list 组件上能直观看到的字符,data 属性为根据这个项所读取到的数据,在这里也为字符串。

然后在主时间轴上添加下面的代码。

```
var cam:Camera=Camera.getCamera();
var vid:Video=new Video(640,480);
vid.attachCamera(cam);
addChild(vid);
list.addEventListener(Event.CHANGE,changeHandler);
function changeHandler(e:Event):void
{
    switch (e.currentTarget.selectedItem.data)
    {
        case "blurEffect":
            vid.filters=[new BlurFilter(8,8)];
            break;
        case "reliefEffect":
            var matrix:Array=[-2,-1,0,
                              -1,2,1,
                              0,1,2];
            var convolution:ConvolutionFilter=new ConvolutionFilter();
            convolution.matrixX=3;
            convolution.matrixY=3;
```

```
                convolution. matrix＝matrix;
                convolution. divisor＝1;
                vid. filters＝[convolution];
                break;
           case"blackEffect":
                var m:Array＝new Array();
                m＝m. concat([0. 3,0. 59,0. 11,0,0]);//Red
                m＝m. concat([0. 3,0. 59,0. 11,0,40]);//Green
                m＝m. concat([0. 3,0. 59,0. 11,0,50]);//Blue
                m＝m. concat([0,0,0,1,0]);//Alpha
                vid. filters＝[new ColorMatrixFilter(m)];
                break;
           case "normalEffect":
                vid. filters＝[];
                break;
           }
      }
```

其中 Event. CHANGE 选择了 list 中的某项所触发的事件,当然更多的事件可以查看帮助文档;e. currentTarget. selectedItem. data 为触发了选择事件后,所选择项的 data 属性是什么,在这里是字符串。

输出上面的代码测试动画,选择列表框中不同的效果,如果想制作更丰富的效果,可以尝试修改滤镜的参数。

本章小结

如果不能互动,再好的游戏效果也出不来。人机交互功能在很久以前就开始研发,直到今天,人机交互功能只需要几行代码就能完成。人机交互一直是互动性项目中最具有表现力和吸引人的地方,所以能否设计好互动的部分往往会成为这个项目是否成功的关键。

课后练习

尝试编写一个能用到麦克风和摄像头的互动小游戏。

互动式课件制作

课件（courseware）是根据教学大纲的要求，经过教学目标确定，教学内容和任务分析，教学活动结构及界面设计等环节，制作的教学软件，它与课程内容有着直接联系。而多媒体课件则是以多种媒体组合的表现方式和超文本结构制作而成的课程软件。

网上有许多现成的课件资源，可以根据需要进行寻找利用，但免费课件资源往往存在内容贫乏、没有条理、对应教材版本过旧、广告较多等缺点。而精良的资源又往往是收费的，并且也不一定完全适用。

本章的主旨就是教会每位同学制作一个合格的互动式课件。

7.1 计算机中的物理

物理是研究物质结构、物质相互作用和运动规律的自然科学，如何用计算机模拟或计算物理，这是本节要学习的内容。

7.1.1 物理运动模拟

1. 计算机中的物理运动

要一个物体在 Flash 里运动非常简单，只要修改这个显示元件的 x 坐标和 y 坐标即可。如果想要看到这个显示元件的整个运动过程，只需在播放头事件里，逐渐修改显示元件的坐标。

但是物理运动的内容是很复杂的，计算机模拟不出所有内容，例如计算机的屏幕不够大，所以无法模拟出火箭发射到太空如何加速，汽车从 A 点加速到 B 点是如何运动的。

计算机模拟的物理运动一般是以物理定律为理论基础，基于理论基础可以趋于完美的物理模型。计算机模拟的物理运动可以不考虑摩擦力和能量损失等。

例如一个小球从 100m 的高处自由落下，假设无空气阻力，重力加速度为 9.8，需要用计算机模拟出中间的下落过程，并实时的计算出中间的结果。计算机的屏幕不可能有 100m，可以等比例缩放 100m 的单位，类似于使用望远镜看远处一个小球落下。先由物理定律计算出下落的时间，根据时间来模拟中间的运动过程，但是这里的两个难点为：如何确定时间和如何确定单位。

2. 如何确定时间

舞台属性中有个"FPS"值,这个值的意思是每秒钟渲染的次数,可以简单理解为一个动画片每秒钟画多少张,值越大动画越流畅,但是带来的负面影响是 CPU 占用率会随之提高。播放头事件和 FPS 也有关,它们之间的关系是 FPS=每秒使用播放头事件的次数。

因此能计算出一个大概时间,例如 FPS 为 25,那么每两帧之间的时间间隔为 1/25s。

这样就得到一个较为简单的公式:

每帧物体坐标所加的值=每秒的加速的值/帧频

3. 如何确定长度单位

有了时间后长度单位就好确定了,便于计算可以定 4 个像素为 1m,那么默认情况下的 Flash 窗口的高度刚好就是 100m。

下面制作一个能演示物体下落的动画,先计算时间,然后模拟中间的运动过程。

在舞台中放入标尺的图片,使其高度为 400 像素;在标尺间绘制一个小球,并转换为影片剪辑,起名为 ball;拖入两个 TextInput 组件,分别起名为 inputVt 和 inputG,这两个组件用来输入初速度和加速度;拖入 1 个 TextArea 组件,起名为 outputText,用来输出物体下落期间的数据。动画完成界面如图 7-1-1 所示。

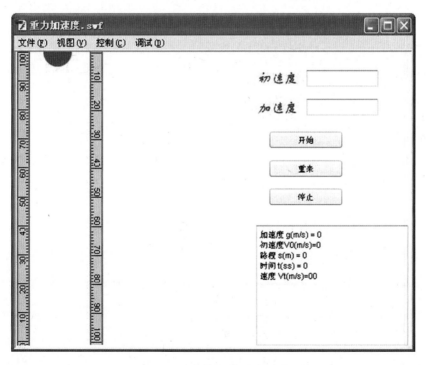

图 7-1-1　物体下落运动界面

在主时间轴上写入下面的代码。

```
import flash.events.MouseEvent;
//400 像素＝＝100m,1m＝＝4 像素
```

```
var g:Number=0;
var s:Number=100;
var v0:Number=Number(inputVt.text);
var biaodu:Number=4;
var addEvery:Number=0;
var timerN:Number=0;
var action:Boolean=false;
var npauseBool:Boolean=true;
stage.addEventListener(Event.ENTER_FRAME,startHandler);
stage.addEventListener(MouseEvent.CLICK,operatorHandler);
function operatorHandler(e:MouseEvent):void
{
    switch (e.target.name)
    {
        case "beginBtn":
            g=Number(inputG.text);
            action=true;
            npauseBool=true;
            break;
        case"stopBtn":
            addEvery=0;
            action=false;
            npauseBool=false;
            break;
        case"resBtn":
            ball.y=0;
            g=0;
            timerN=0;
            action=false;
            break;
    }
}


function startHandler(e:Event):void
{
    v0=Number(inputVt.text);
    if(npauseBool)
    {
        ball.y=v0*biaodu*(timerN/1000)+0.5*g*biaodu
    *Math.pow((timerN/1000),2);
```

```
    }
    else
    {
        action＝false；
    }
    if(ball. y＞400)
    {
        npauseBool＝false；
        ball. filters＝[new GlowFilter(0xffff00 * Math. random( ),0.7,16,16)]；
    }
    if (action)
    {
        timerN＋＝  1000/stage. frameRate；
    }
    outputText. text＝"加速度 g(m/s)＝"＋g＋"\n"＋"初速度 V0(m/s)＝
"＋v0＋"\n"＋"路程 s(m)＝"＋(ball. y/4)＋"\n"＋
    "时间 t(ss)＝"＋timerN＋"\n"＋"速度 Vt(m/s)＝"＋v0＋g*(timerN/1000)；
}
```

输出上面的代码，输入"初速度"，单击"开始"，即可测试动画。需要注意的是计算机对物理公式的计算数值可以很准确，但是对物理公式的运动模拟只能"很像"。

7.1.2　物理运动的类型

平面里的运动较为简单，只需要在每帧修改元件的 x 坐标和 y 坐标即可。下面将介绍 Flash 中常见的物理运动。

为了方便理解下面的运动，首先在舞台上创建一个球，并转换为影片剪辑，起名为 ball，这样能更直观地看到球的运动。

1. 平移运动

平移运动，是运动中最简单的一种，只需要每帧改变 x 坐标和 y 坐标，这个改变量一般为常量。

在主时间轴上添加下面的代码。

```
stage. addEventListener(Event. ENTER_FRAME,startHandler)；
function startHandler(e:Event):void {
    ball. x＋＋；
    ball. y＋＋；
}
```

输出上面的代码可以看到，小球呈 45°角斜线运动，如图 7-1-2 所示。

2. 自转运动

自转运动，定义显示元件的锚点，为旋转的轴线，每帧修改显示元件的 rotation 属性即可。

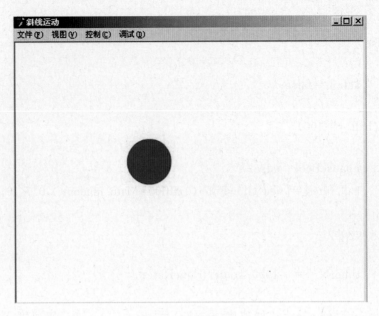

图 7-1-2　斜线运动

在主时间轴上添加下面的代码。

```
var angle:Number=0;
stage.addEventListener(Event.ENTER_FRAME,startHandler);
function startHandler(e:Event):void {
    angle+=1;
    box.rotation=angle;
}
```

输出上面的代码可以看到,小球绕着自己的锚点自转,如图 7-1-3 所示。

图 7-1-3　自转运动

3. 圆周运动

圆周运动,每帧改变 x 坐标和 y 坐标,让这两个坐标分别乘以正弦和余弦。其中乘以正弦和余弦的顺序决定了这个物体的圆周运动是顺时针还是逆时针。

在主时间轴上添加下面的代码。

```
var angle:Number=0;
var r:Number=100;
var circle_x:Number=275;
var circle_y:Number=200;
stage.addEventListener(Event.ENTER_FRAME,startHandler);
function startHandler(e:Event):void {
    angle+=Math.PI/180;
    ball.x=circle_x+Math.cos(angle)*r;
    ball.y=circle_y+Math.sin(angle)*r;
}
```

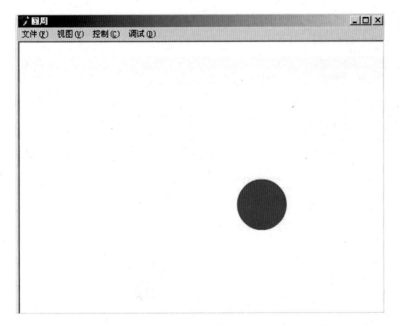

图 7-1-4　圆周运动

输出上面的代码可以看到小球以(circle_x,circle_y)为圆心,半径为 r 做顺时针圆周运动,如图 7-1-4 所示。如果把:

```
ball.x=circle_x+Math.cos(angle)*r;
ball.y=circle_y+Math.sin(angle)*r;
```

替换成

```
ball.x=circle_x+Math.sin(angle)*r;
ball.y=circle_y+Math.cos(angle)*r;
```

则可以得到逆时针的圆周运动。

4. 椭圆运动

根据圆周运动拓展出的椭圆运动很简单,只需要修改相乘的半径的值为椭圆的长轴和短轴。

在主时间轴上添加下面的代码。

```
var angle:Number=0;
var long_r:Number=200;
var short_r:Number=100;
var circle_x:Number=275;
var circle_y:Number=200;
stage.addEventListener(Event.ENTER_FRAME,startHandler);
function startHandler(e:Event):void {
    angle+=Math.PI/180;
    ball.x=circle_x+Math.cos(angle)*long_r;
    ball.y=circle_y+Math.sin(angle)*short_r;
}
```

输出上面的代码可以看到小球做顺时针的椭圆运动,如图 7-1-5 所示。

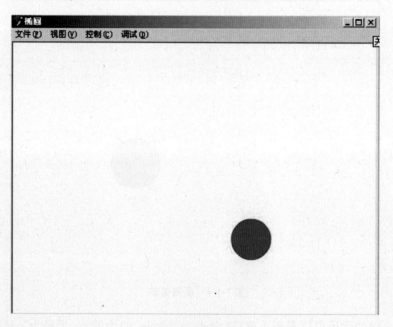

图 7-1-5 椭圆运动

5. 波形运动

波形运动,每帧改变 x 坐标和 y 坐标,让其中的一个坐标乘以正弦或余弦,另外一个值只需要增加常量即可。

在主时间轴上添加下面的代码。

```
var angle:Number=0;
//y=振幅×sin 或者振幅×cos
```

```
stage. addEventListener(Event. ENTER_FRAME,startHandler);
function startHandler(e:Event):void {
angle+=Math. PI/60;
ball. x+=2;
ball. y=200+20*Math. sin(angle);
}
```

输出上面的代码可以看到小球向 x 轴的正方向做波形运动,如图 7-1-6 所示。

图 7-1-6　波形运动

7.1.3　APE 物理引擎的使用

1. 游戏引擎的简介

可以把游戏的引擎比作赛车的引擎。引擎是赛车的心脏,决定着赛车的性能和稳定性,赛车的速度、操纵感这些直接与车手相关的指标都是建立在引擎的基础上的。游戏也是如此,玩家所体验到的剧情、关卡、美工、音乐、操作等内容都是由游戏的引擎直接控制的,它扮演着中场发动机的角色,把游戏中的所有元素捆绑在一起,在后台指挥它们同时、有序地工作。

简单地说,引擎就是用于控制所有游戏功能的主程序,从计算碰撞、物理系统和物体的相对位置,到接受玩家的输入,以及按照正确的音量输出声音等。可见,引擎并不是什么玄乎的东西,无论是 2D 游戏还是 3D 游戏,无论是角色扮演游戏、即时策略游戏、冒险解谜游戏或是动作射击游戏,哪怕是一个只有 1M 大小的小游戏,都有这样一段起控制作用的代码。经过不断进化,如今的游戏引擎已经发展为一套由多个子系统共同构成的复杂系统,从建模、动画到光影、粒子特效,从物理系统、碰撞检测到文件管理、网络特性,还有专业的编辑工具和插件,几乎涵盖了开发过程中的所有重要环节。

2. APE 物理引擎简介

APE(Actionscript Physics Engine)是一个用 ActionScript 3.0 写成的物理引擎，用于模拟现实中物体发生的运动和碰撞。它是免费、开源的，遵循 MIT 协议，特别适合游戏开发，或是需要物理模拟的交互式程序，本书案例中使用版本为 0.45。APE 的官方网址为：http://www.cove.org/ape/，下载地址为：http://www.cove.org/ape/ape_a045.zip(包含两个 demo,api,swc 文件和源码)

APE 主要为 12 个类，类的继承和大概用途见表 7-1-1。

表 7-1-1　APE 的类

类名	继承与用途
AbstractCollection	群组性的基类。不应实例化这个类，而应该使用该类的子类
AbstractConstraint	继承自 AbstractItem，不应实例化这个类，而应该使用该类的子类
AbstractItem	所有约束和粒子的基类
AbstractParticle	继承自 AbstractItem，是所有粒子的基类，不应实例化这个类，而应该使用该类的子类
APEngine	移动整个引擎的主类，里面大多方法都是静态的
CircleParticle	继承自 AbstractParticle，是圆形的粒子
Composite	继承自 AbstractCollection，复合体可以包含粒子和约束。复合体可以加入到一个组中，就像粒子和约束一样。注意：复合体中的成员彼此不能进行碰撞检测
Group	继承自 AbstractCollection，组可以包含粒子，约束和复合体。组可以被设置为和其他的组进行碰撞检测
RectangleParticle	继承自 AbstractParticle，是矩形的粒子
SpringConstraint	继承自 AbstractConstraint，像弹簧的约束，用来连接两个物体
CVector	定义的向量数学类
WheelParticle	继承自 AbstractParticle，模拟滚轮行为的粒子

其中需要特别注意的是，APE 原版本的 Vector 类与现在 Flash CS5 版本中的顶级类冲突，所以笔者修改本引擎中的 Vector 类为 CVector 类，使其与 Flash CS5 版本兼容，整体功能并无变化。修改后的引擎库在本书配套光盘中可以找到。

3. 矩形粒子的主要属性和方法

矩形粒子的构造函数如下：

public function RectangleParticle(x:Number,y:Number,width:Number,height:Number,rotation:Number＝0,fixed:Boolean＝false,mass:Number＝1,elasticity:Number＝0.3,friction:Number＝0)

参数解释如下：

x：Number：初始 x 位置。

y：Number：初始 y 位置。

width：Number：这个粒子的宽度。

height：Number：这个粒子的高度。

rotation：Number(default＝0)：这个粒子旋转的弧度。

fixed：Boolean(default＝false)：决定这个粒子是否固定。固定的粒子不受力和碰撞的影响，非常适合作为平面；不固定的粒子受力和碰撞的作用自由移动。

mass：Number(default＝1)：粒子的质量。

elasticity：Number(default＝0.3)：粒子的弹力。这个值越大弹力越大。

friction：Number(default＝0)：粒子表面的摩擦系数。

注意：固定的粒子仍然可以改变它的旋转属性。

4. 圆形粒子的主要属性和方法

圆形粒子的构造函数如下：

public function CircleParticle(x：Number，y：Number，radius：Number，fixed：Boolean＝false，mass：Number＝1，elasticity：Number＝0.3，friction：Number＝0)

参数解释如下：

x：Number：初始 x 位置。

y：Number：初始 y 位置。

radius：Number：粒子的半径。

fixed：Boolean(default＝false)：决定这个粒子是否固定。

mass：Number(default＝1)：粒子的质量。

elasticity：Number(default＝0.3)：粒子的弹力。这个值越大弹力越大。

friction：Number(default＝0)：粒子表面的摩擦力。

5. 轮子粒子的主要属性和方法

轮子粒子的构造函数如下：

public function WheelParticle(x：Number，y：Number，radius：Number，fixed：Boolean＝false，mass：Number＝1，elasticity：Number＝0.3，friction：Number＝0，traction：Number＝1)

参数解释如下：

x：Number：初始 x 位置。

y：Number：初始 y 位置。

radius：Number：粒子的半径。

fixed：Boolean(default＝false)：决定这个粒子是否固定。

mass：Number(default＝1)：粒子的质量。

elasticity：Number(default＝0.3)：粒子的弹力。这个值越大弹力越大。

friction：Number(default＝0)：粒子表面的摩擦力。

traction：Number(default＝1)：粒子表面的牵引力。

注：固定的轮子粒子也可以自由地旋转。

6. 弹簧的主要属性和方法

弹簧的构造函数如下：

public function SpringConstraint(p1：AbstractParticle, p2：AbstractParticle, stiffness：Number＝0.5, collidable：Boolean＝false, rectHeight：Number＝1, rectScale：Number＝1, scaleToLength：Boolean＝false)

参数解释如下：

p1：AbstractParticle：弹簧所连接的第一个粒子。

p2：AbstractParticle：弹簧所连接的第二个粒子。

stiffness：Number(default＝0.5)：弹簧的强度。有效值在 0 到 1 之间，低值的效果就像软弹簧，高值的效果则像硬弹簧。

collidable：Boolean(default＝false)：决定此弹簧是否接受碰撞检测。

rectHeight：Number(default＝1)：如果这个弹簧是可接受碰撞检测的，可被碰撞的区域的高度可设置为像素值。高度和被链接的两个粒子的连线垂直。

rectScale：Number(default＝1)：如果这个弹簧是可接受碰撞检测的，可被碰撞的区域的缩放可被设置为一个 0 到 1 之间的值。这个缩放是两个被链接的粒子之间的距离的一个百分数。

scaleToLength：Boolean(default＝false)：如果这个弹簧是可接受碰撞检测的，并且这个值设为 true 时，可被碰撞的区域将随着两个粒子的距离而缩放。

7. 创建带物理碰撞的实例

下面实例为创建一个地板，上方一个矩形落下弹起。

在主时间轴上加入下面的代码：

```
import org. cove. ape. * ;
var defaultGroup：Group＝new Group();//建一个默认组；
//初始化引擎
APEngine. init(0.1);//初始化引擎
APEngine. container＝stage;//指定容器
APEngine. addForce(new CVector(0,9.8));//添加一个类似于重力的向下的力
defaultGroup. collideInternal＝true;//组内的对象互相之间有作用力
var rc1：RectangleParticle＝new RectangleParticle(200,0,40,40,1,false,1,0.3);
//创建的地板，是不受力的影响的
var floor：RectangleParticle＝new RectangleParticle(200,350,1000,50,0,true,1,0.3);
defaultGroup. addParticle(rc1);
defaultGroup. addParticle(floor);
APEngine. addGroup(defaultGroup);

stage. addEventListener(Event. ENTER_FRAME,startHandler);
function startHandler(e：Event)：void {
    APEngine. step();
```

```
        APEngine. paint();
```

}

输出代码,测试动画,可以看到一个斜放着的矩形从天而降,并且在地板上弹起。上面代码中有下面几行语句:

```
var defaultGroup:Group＝new Group();
APEngine. init(0.1);
APEngine. container＝stage;
APEngine. addForce(new CVector(0,9.8));
defaultGroup. collideInternal＝true;
```

这几步可以说是初始化整个实例的过程,Group 组可以认为添加到里面的东西之间全可以产生碰撞;init 方法可以形容为每隔多长时间处理一下物理事件,参数的值给的越小碰撞就越精确;addForce 方法为给所有的粒子添加一个考虑质量的力,new CVector(0,9.8)为一个向下的力,例如要给一个水平向左的力,那么参数改为 new CVector(-5,0)。

引擎也提供了给粒子添加不考虑质量的力 addMasslessForce 方法,使用和addForce相同。

8. 模拟一辆小车运动

下面的代码为制作一个类似于车的物体,能够通过键盘的 A 和 D 键控制车轮的旋转方向,从而控制车的移动。

在主时间轴上添加下面的代码。

```
import org. cove. ape. * ;
import flash. events. KeyboardEvent;
var defaultGroup:Group＝new Group();//建一个默认组
//初始化引擎
APEngine. init(0.1);//初始化引擎
APEngine. container＝stage;//指定容器
APEngine. addForce(new CVector(0,9.8));//添加一个类似于重力的向下的力
defaultGroup. collideInternal＝true;//组内的对象互相之间有作用力
var rc1:WheelParticle＝new WheelParticle(200,300,20,false,40,0,0.3,1);
varrc2:WheelParticle＝new WheelParticle(100,300,50,false,40,0,0.3,1);
//创建的地板,是不受力的影响的
var floor:RectangleParticle＝new RectangleParticle(200,350,1000,50,0,true,
0.6,0.3);
var wc:SpringConstraint＝new SpringConstraint(rc1,rc2,1,true);//创建一个约
束,将两个轮子粒子连接起来
defaultGroup. addParticle(rc1);
defaultGroup. addParticle(rc2);
defaultGroup. addParticle(floor);
defaultGroup. addConstraint(wc);
APEngine. addGroup(defaultGroup);
```

```
stage. addEventListener(Event. ENTER_FRAME,startHandler);
function startHandler(e:Event):void
{
    APEngine. step();
    APEngine. paint();
}
stage. addEventListener(KeyboardEvent. KEY_DOWN,downHandler);
function downHandler(e:KeyboardEvent):void
{
    switch (e. charCode)
    {
        case 'a'. charCodeAt():
        rc1. angularVelocity－＝1;
            break;
        case'd'. charCodeAt():
        rc1. angularVelocity＋＝1;
            break;
    }
}
```

输出代码,测试动画,angularVelocity 属性控制当前轮子的角速度,使用键盘的 A 和 D 键可以控制小轮子的旋转方向。

7.2 文件加载处理

在一个大型项目中,资源和代码不可能全部包含在一个 swf 文件中。资源应该放到不同的位置,就像组建网站一样,这就需要用到文件加载处理类。本节主要讲显示文件及数据资源的加载。

7.2.1 Loader

Loader 与 URLLoader 都是通过 load()方法加载文件。

URLRequest 类可捕获单个 HTTP 请求中的所有信息或者是本地的资源信息。URLRequest 对象将传递给 Loader 和 URLLoader 类的 load()方法以便启动 URL 下载。

1. 简单加载显示对象

文件加载可以使用绝对路径,也可以使用相对路径。考虑到易于更新维护项目,多数项目中使用相对路径。

当前路径以及上一级或多级目录的写法如以下代码所示。

```
//定义并实例化一个 URLRequest 对象
var url:URLRequest＝new URLRequest("test.jpg");//当前目录的写法
var url:URLRequest＝new URLRequest("../test.jpg");//上一级目录的写法
```

//定义并实例化一个 loader 对象

var picLoader:Loader＝new Loader();

picLoader.load(url);//执行文件加载

addChild(picLoader);//把 Loader 对象添加到舞台上

实际加载过程中可能会犯一个错误:一个 SWF 文件能加载同级下的文件,但是把这个 SWF 文件加载到另外一个不同目录的 SWF 文件中后,再加载文件就会找不到路径。那是因为新的路径是相对于顶级容器的,也就是整个应用程序入口 SWF 文件。如果这个入口 SWF 文件包含在网页中,那么所有的加载路径都相对于包含 SWF 文件的网页。

Loader 既可以加载图片也可以加载动画。加载图片时只是作为一个普通载入器,与程序代码定义的框架无关;当加载 SWF 文件时,SWF 文件中可以包含任何资源,以 SWF 文件为单位可以记录文本、图片、动画、声音、代码或者素材加代码的完整功能模块,如何设计架构可以自行决定。Loader 是 SWF 文件之间的纽带,由于 SWF 文件中又可以使用 Loader 载入 SWF 文件,Loader 成为资源分布树型结构中的节点。

2. 加载外部资源

可以使用两种方式加载外部资源。"load(request:URLRequest,context:Loader-Context＝null):void"用于加载外部文件;"loadBytes(bytes:ByteArray,context:Load-erContext＝null):void"用于二进制加载,二进制加载必须配合 URLLoader 以二进制形式加载外部文件。如下面的代码所示。

var urlRequest:URLRequest＝new URLRequest("test.swf");

var urlLoader:URLLoader＝new URLLoader();

urlLoader.addEventListener(Event.COMPLETE,loadSwf);

urlLoader.dataFormat＝URLLoaderDataFormat.BINARY;

var loader:Loader＝new Loader();

var ba:ByteArray;

function loadSwf(event:Event):void

{

    ba＝urlLoader.data;

    loader.loadBytes(ba);

    addChild(loader);

}

urlLoader.load(urlRequest);

如果只加载 SWF 文件或图片,二进制加载意义不大。一般把 SWF 文件或图片压缩或加密后加载,载入后必须进行对应的解压或解密。还可以通过 Socket 接收服务器传过来的二进制流,然后转化成对应的 SWF 文件或图片。

这里需要特别注意的是,当 SWF 文件被加载时,会先初始化,执行 SWF 文件的文档类构造函数,然后再被 loader 添加到舞台的显示列表中。所以如果 SWF 文件的构造函数中引用了 stage 则会因为不能访问舞台引发错误。应该把访问舞台的代码放入到 loaderInfo 的 init 或 complete 中或 addToStage 事件中进行初始化,也可以在 render 事件中延迟初始化。root 属性可以访问,因为 root 引用的是文档类,与外部无关。

7.2.2　加载文件类型

适用于 Loader 加载的文件类型有 SWF 文件和图片。ActionScript 3.0 中支持的图片格式有 jpg,png 和 gif 三种类型。下面的代码为加载一张图片。

```
import flash.display.*;
import flash.net.URLRequest;
var ldr:Loader=new Loader();
var url:String="yourPic.png";
var urlReq:URLRequest=new URLRequest(url);
ldr.load(urlReq);
addChild(ldr);
```

URLLoader 以文本、二进制数据或 URL 编码变量的形式从 URL 下载数据。适用于 URLLoader 加载的文件类型有 TXT、XML、PHP、JSP 文件等。下面的代码为从本地加载一个 TXT 文件文本。

```
var myTextLoader:URLLoader=new URLLoader();
myTextLoader.addEventListener(Event.COMPLETE,onLoaded);
function onLoaded(e:Event):void {
    trace(e.target.data);
}
myTextLoader.load(new URLRequest("myText.txt"));
```

7.2.3　加载错误处理

加载过程中,ActionScript 3.0 支持两种错误的捕捉及处理,分别是 ioError 与 securityError。

若对 load() 的调用导致致命错误并因此终止了下载,则产生 ioError 错误。在下面的例子中,在当前文件目录下没有要加载的"test.swf"文件,则会产生 ioError 错误。

```
var request:URLRequest=new URLRequest("test.swf");
var loader:Loader=new Loader();
loader.contentLoaderInfo.addEventListener(IOErrorEvent.IO_ERROR,onError);
loader.contentLoaderInfo.addEventListener(Event.COMPLETE,onLoaded);
loader.load(request);
function onLoaded(evt:Event):void {
    //如果加载完成则通过 Loader 的 content 属性获得加载到的现实对象
    trace(evt.target.content);
}
function onError(evt:IOErrorEvent):void {
    //当出现 IO 错误时这里会输出错误的详细信息
    trace(evt);
}
```

当出现安全错误时,对象将调度 SecurityErrorEvent 对象来报告此错误。通过该类所报告的安全错误一般是由异步操作(例如加载数据)产生的,这种情况下安全侵犯可能不会被立即列出。事件侦听器可以访问对象的 text 属性,以确定尝试过哪些操作以及涉及哪些 URL。如果没有事件侦听器,Flash Player 的调试版或 AIR Debug Launcher(ADL)应用程序将自动显示包含 text 属性内容的错误消息。安全错误事件只有一种类型:SecurityErrorEvent. SECURITY_ERROR。

下面的代码为如何给加载添加跨域安全事件。首先 securityErrorHandler()将其设置为侦听将要调度的 securityError 事件,当 URLRequest 位置与调用 SWF 文件不完全属于同一个域,而且请求的域没有获得通过跨域策略文件进行跨域访问的授权时,会发生此事件。

```
var loader:URLLoader＝new URLLoader();
loader. addEventListener(SecurityErrorEvent. SECURITY_ERROR,securityErrorHandler);
var request: URLRequest = new URLRequest ( " http://www. yourDomain. com//1. png");
loader. load(request);
function securityErrorHandler(event:SecurityErrorEvent):void {
    trace("发生不安全的跨域操作"＋event);
}
```

注意测试上面的代码需要配合网络连接,并且在 http://www. yourDomain. com//1. png 有值的情况下使用。

7.2.4 关闭加载和删除内容

close()方法用于关闭正在加载的连接,例如加载时失去响应,适用于 Loader 和 URLLoader 方法。

unload()是 Loader 类中用于卸载加载对象的方法,卸载的对象不会马上消失,而是存在内存中等待垃圾回收,此时加载内容不再是 Loader 对象的子集,也不在 Loader 的显示列表中。如果内容未卸载又继续加载了新内容,则旧的内容被强制卸载。URLLoader 中没有 unload()方法。

为了让卸载的内容能够被垃圾回收,除了把内容从显示列表中删除,还必须停止加载内容中的对象,如动画、声音、视频等。Loader 类为我们提供了"unloadAndStop(gc:Boolean＝true):void"方法,unloadAndStop 尝试停止内容中的所有活动对象,然后再卸载,最后根据 gc 参数尝试垃圾回收。gc 是一件耗费 CPU 的工作,如果发现卸载对象时导致计算机运行很不顺畅,可以设置 gc 为"false",让播放器选择时机回收。

unload()和 unloadAndStop()方法会触发 unload 事件,调用 unload()方法后,contentLoadInfo 属性会建立一个新临时对象,所有的属性会被重置为 null。

7.2.5 应用程序域和安全域

域可以简单认为是一个服务器,跨域的意思也就是 A 号服务器里的程序访问了 B 号服务器的资源。

通过 Loader 类的 load()或 loadBytes()方法将外部文件加载到 Flash Player 中时，可以选择性地指定 context 参数，此参数是一个 LoaderContext 对象。

LoaderContext 类包括三个属性，用于定义如何使用加载内容的上下文。

checkPolicyFile：仅当加载图像文件(不是 SWF 文件)时才会使用此属性。如果将此属性设置为 true，Loader 将检查跨域策略文件的原始服务器。只有内容的来源域不是包含 Loader 对象的 SWF 文件所在的域时才需要此属性。如果服务器授予 Loader 域权限，Loader 域中 SWF 文件的 ActionScript 就可以访问加载图像中的数据；换句话说，可以使用 BitmapData. draw()命令访问加载的图像中的数据。

如果使用来自 Loader 对象所在域以外的其他域的 SWF 文件可以通过调用 Security. allowDomain()来允许特定的域。

securityDomain：仅当加载 SWF 文件(不是图像)时才会使用此属性。如果 SWF 文件所在的域与包含 Loader 对象的文件所在的域不同，则指定此属性。指定此选项时，FlashPlayer 将检查跨域策略文件是否存在，如果存在，来自跨策略文件中允许的域的 SWF 文件可以对加载的 SWF 内容执行跨脚本操作。可以将 flash. system. SecurityDomain. currentDomain 指定为此参数。

applicationDomain：仅当加载使用 ActionScript 3.0 编写的 SWF 文件(不是图像或使用 ActionScript 1.0、2.0 编写的 SWF 文件)时才会使用此属性。加载文件时，通过将 applicationDomain 参数设置为 flash. system. ApplicationDomain. currentDomain，可以指定将该文件包括在与 Loader 对象相同的应用程序域中。通过将加载的 SWF 文件放在同一个应用程序域中，可以直接访问它的类。

7.2.6　监视加载进度

用 Loader 加载显示对象时，LoaderInfo 对象被 Loader 和被加载的 SWF 文件共享，所以在本地 SWF 文件中和被加载的 SWF 文件中都可以监视加载进度。要在被加载的 SWF 文件中制作加载进度条，由于每个显示对象都可以访问本地 SWF 文件加载信息，进度条可以访问自己的 loaderInfo 属性获取加载进度。

1. 为什么要检测加载进度

当在 Flash 运行时动态载入图片，运行代码，Flash Player 会去寻找 SWF 文件所在目录下的图片文件。URLRequest 对象可以使用相对 URL，也可以使用绝对 URL。如果加载成功该对象会自动作为 Loader 实例的子对象。

在载入外部资源的过程中可能会出现错误，有可能是 URL 地址不正确，或是 Flash Player 安全沙漏不允许，或资源太大需要加载很长的时间，这种时候需要一个进度条告诉用户加载进度。

我们可以添加一个事件去检测当前文件的加载进度，Loader 实例的 contentLoaderInfo 属性会对不同的情况作出不同的反应事件。contentLoaderInfo 属性是 flash. display. LoaderInfo 类实例，用来提供目标被载入时的信息，其中的两个非常重要的属性 bytesTotal 和 bytesLoaded，分别为当前要下载的资源的总字节大小和已经下载的资源的字节大小。下面是 LoaderInfo 类的一些有用的事件：

open：资源开始下载时触发。

progress：资源在下载中时触发。

complete:资源下载完成时触发。

init:载入外部的 SWF 文件初始化时触发。

httpStatus:载入外部资源的 HTTP 请求产生状态代码错误时触发。

ioError:一个错误导致下载被终止时触发,比如找不到相应资源。

securityError:试图读取安全沙漏以外的数据时触发。

unload:unload()方法被调用时,移除载入的内容时,或再次调用 load()方法时都会触发该事件。

2. contentLoaderInfo 的事件

下面的例子演示了 contentLoaderInfo 的事件。

```
import flash. display. * ;
import flash. net. URLRequest;
import flash. events. * ;
var loader:Loader＝new Loader();
addChild(loader);
loader. contentLoaderInfo. addEventListener(Event. OPEN,handleOpen);
loader. contentLoaderInfo. addEventListener ( ProgressEvent. PROGRESS, handleProgress);
loader. contentLoaderInfo. addEventListener ( Event. COMPLETE, handleComplete);
loader. load(new URLRequest("Tulips. jpg"));

function handleOpen(event:Event):void
{
    trace("open");
}
function handleProgress(event:ProgressEvent):void
{
    var percent:Number＝event. bytesLoaded/event. bytesTotal * 100;
    trace("progress,percent＝"＋percent);
}
function handleComplete(event:Event):void
{
    trace("complete");
}
```

输出上面的代码,会显示下载百分比。这里需要特别注意的是,会看到瞬间输出到了 100%,这是因为当前这个图片在本地计算机的硬盘上。如果把 URLRequest 修改为网络上的图片地址,即可看到逐渐增大的加载进度了。

3. 加载进度和显示元件的联系

如何将逐渐增大的数值应用到显示元件上,使之成为进度条呢? 在很多的游戏或者网页互动的演示中五花八门的进度条有很多,但基本原理都一样,就是使用 bytes-

Loaded 和 bytesTotal 的之间的比值。下面演示如何将加载进度与显示元件联系起来。

首先在舞台上绘制一个长方形，并转换为影片剪辑，注意锚点设置为最左面，并起名为 loadBar，然后在主时间轴上添加下面的代码。

```
import flash. display. *；
import flash. net. URLRequest；
import flash. events. *；
var barLength：Number＝loadBar. width；
loadBar. width＝0；
var loader：Loader＝new Loader()；
addChild(loader)；
loader. contentLoaderInfo. addEventListener (ProgressEvent. PROGRESS，handleProgress)；
loader. contentLoaderInfo. addEventListener (Event. COMPLETE，handleComplete)；
loader. load(newURLRequest("Tulips. jpg"))；
function handleProgress(event：ProgressEvent)：void
{
    loadBar. width＝barLength *(event. bytesLoaded/event. bytesTotal)；
}
function handleComplete(event：Event)：void
{
    loader. width＝200；
    loader. height＝200；
}
```

输出代码，测试影片。barLength 记录了进度条的原长度，并且上来就将进度条的长度置为 0，然后在加载事件中，用已加载大小和总大小的比值乘以原长度，赋值给当前进度条的长度。这里需要注意的是，修改 Loader 的大小应该确定加载完毕后再修改它。

7.3 制作互动式的物理教学课件

结合之前所学习的知识足可以制作一个内容丰富的课件了。课件根据应用领域的不同，可以分为产品介绍、技术推广和教育教学使用等，应用领域的不同导致课件的制作风格略有差别。本节介绍如何制作应用于教学的课件框架。

下面是设计一个教学类演示课件的流程。

1. 确定课件中控件的大体摆放位置。

本例中如图 7-3-1 所示，采用左侧摆放控件，右侧为演示部分。

图 7-3-1　确定控件的位置

2. 单独制作要演示的每个 **SWF** 文件，这样便于后期加载和修改。

如果要修改某部分内容，只需要修改对应的文件即可。在前面的节中已经做好了一个物体下落运动界面，如图 7-3-2 所示。

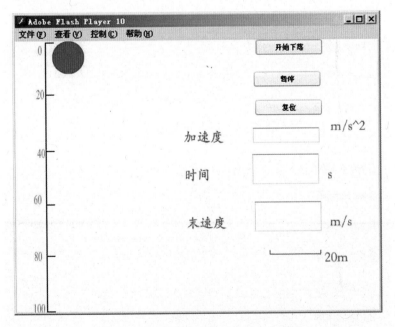

图 7-3-2　单独制作要演示的每一个动画

3. 使用 **Loader** 类加载动画。

当单击对应的按钮时，可以显示按钮对应的动画，如图 7-3-3 所示。

图 7-3-3 用 Loader 类将控件和制作好的 SWF 文件联系

4. 课件修饰。

为了增加课件的趣味性,可以在课件中适当加入点缀的图片、音乐等细节,如图 7-3-4 所示。

图 7-3-4 添加背景音乐并丰富课件的细节

本章小结

能制作课件的软件有很多，但是使用 Flash 制作的课件不仅有演示效果，而且内嵌的 ActionScript 3.0 脚本还能进行各种运算，使制作出的课件不仅只能演示，还可以进行互动。预计未来课件的发展趋势会更偏向于 Flash 这种演示加计算的方向。

课后练习

使用 APE 物理引擎制作一个简单的物理小游戏。

商业案例实训

随着网络的普及，计算机用户的逐渐增多，在网页中设计广告开始成为广告设计的趋势。Flash 制作的广告在表现形式上也丰富多彩，包括动画演示、2D 展示和前沿的3D 展示等。本章将学习 2D 展示和 3D 展示广告的制作方法。

8.1 动画类的使用

常见的互动式广告中，会有一些动画，它们可以使用 Flash 直接制作。ActionScript 3.0 中内置了 10 种动画效果，如果掌握这 10 种动画类的使用，可以解决在动画制作中碰到的大多数问题。

TransitionManager 类用来定义动画效果，它允许将 10 种动画效果中的一种应用于影片剪辑。在创建自定义组件时，可以使用 TransitionManager 类将动画效果应用于组件可视界面中的影片剪辑。fl. transitions. easing 中的过渡效果定义为一组过渡类，这些过渡类全都是对基类 fl. transitions. Transition 的扩展。

1. TransitionManager 类的使用方法

可以通过两种方式创建 TransitionManager 实例。

（1）调用 TransitionManager. start()方法。这是创建 TransitionManager 实例最简单的方式，建议使用该方式。

（2）使用 new 运算符，指定过渡属性，并通过调用 TransitionManager. startTransition()方法在另一步中启用过渡效果。

Transition 类是 10 种动画类的基类，其中包含着三个重要的属性：

· direction：Number：确定实例的移动方向。

· duration：Number：确定实例的时间长度，单位是秒。

· easing：Function：设置动画的补间效果。

表 8-1-1 为继承 Transition 的 10 种动画类的简介。

表 8-1-1　10 种动画类

类	说明
Fly	从某一指定方向滑入影片剪辑
Wipe	使用水平移动的动画遮罩来显示影片剪辑

类	说明
Iris	使用可以缩放的方形或圆形动画遮罩来显示影片剪辑
Zoom	通过按比例缩放来放大或缩小影片剪辑
Squeeze	水平或垂直缩放影片剪辑
Fade	淡入或淡出影片剪辑
PixelDissolve	使用随机出现或消失的棋盘图案矩形来显示影片剪辑
Blinds	使用逐渐消失或逐渐出现的矩形来显示影片剪辑
Photo	使影片剪辑对象像放映照片一样出现或消失
Rotate	旋转影片剪辑对象

2. 10 种动画类的使用方法

(1) Fly 动画。

Fly 动画类是飞行动画。在舞台上绘制一个圆形，并转换为影片剪辑，起名为 rc。然后在主时间轴上添加下面的代码。

import fl. transitions. * ;

import fl. transitions. easing. * ;

TransitionManager. start(rc,{type:Fly,direction:Transition. IN,duration:3,easing:Elastic. easeOut,startPoint:0});

输出代码，可以看到 rc 影片剪辑从左边飞向右边，如图 8-1-1 所示。

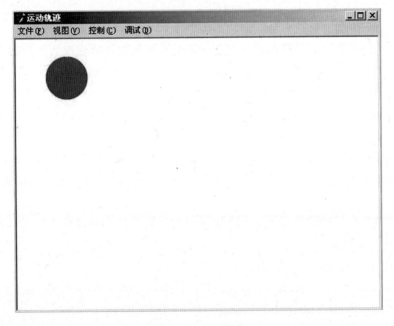

图 8-1-1　Fly 动画

Fly 动画类中的参数为：

type:指定使用哪种动画。

direction：Transition. IN：表示影片剪辑从指定的起始位置飞向影片剪辑本身所在位置，反之如果为 direction：Transition. OUT 则表示从影片剪辑本身所在的位置飞向指定的起始位置。

duration：指定动画整个过程用 3s 完成。

easing：Elastic. easeOut：指动画的运动过程采用何种缓动模型。表 8-1-2 列出了常用的缓动模型，其中详细的缓动函数请参照 ActionScript 3.0 帮助文档。

表 8-1-2 常用缓动模型

类	说明
Back	可以定义三个缓动函数，以便实现具有 ActionScript 动画的运动
Bounce	可以定义三个缓动函数，以便实现具有 ActionScript 动画的跳动，类似一个球落向地板又弹起后，几次逐渐减小的回弹运动
Elastic	可以定义三个缓动函数，以便实现具有 ActionScript 动画的运动，其中的运动由按照指数方式衰减的正弦波来定义
None	不定义缓动函数，以实现 ActionScript 动画的非加速运动
Regular	可以定义三个缓动函数，以便实现具有 ActionScript 动画的变加速运动
Strong	可以定义三个缓动函数，以便实现具有 ActionScript 动画的变加速运动，与 Regular 类似，但更强烈

startPoint：指定动画的起始位置，0＝左中，1＝左上，2＝上，3＝右上，4＝左中，5＝中心，6＝右中，7＝左下，8＝下中，9＝右下。

（2）Wipe 动画。

Wipe 动画类可以叫消除动画。把 Fly 动画中案例的代码修改为下面的代码。

import fl. transitions. *；

import fl. transitions. easing. *；

TransitionManager. start(rc,{type：Wipe，direction：Transition. IN，duration：2，easing：None. easeNone，startPoint：0})；

输出代码，可以看见 rc 影片剪辑被逐渐显示出来，如图 8-1-2 所示。Wipe 动画中 startPoint 参数和 Fly 动画中不一样的地方是，这儿指定的是显示的起始位置。

（3）Iris 动画。

Iris 动画类可以叫瞳孔动画。把 Fly 动画中案例的代码修改为下面的代码。

import fl. transitions. *；

import fl. transitions. easing. *；

TransitionManager. start(rc,{type：Iris，direction：Transition. IN，duration：5，easing：None. easeNone，startPoint：1，shape：Iris. CIRCLE})；

参数中与前两个动画不同的是多了一个 shape 参数，它为 fl. transitions. Iris. SQUARE(方形)或 fl. transitions. Iris. CIRCLE(圆形)的遮罩形状。

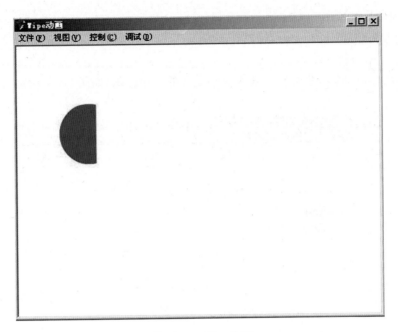

图 8-1-2　Wipe 动画

　　这个动画的效果类似于缓缓睁开眼睛，然后猛得睁开，输出代码，效果如图8-1-3所示。

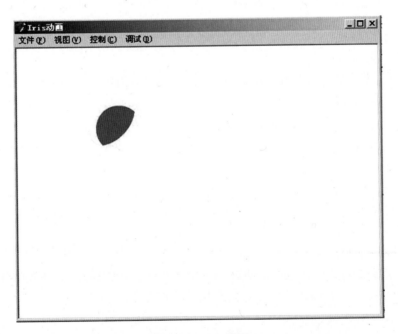

图 8-1-3　Iris 动画

（4）Zoom 动画。

Zoom 动画类可以叫变焦动画。把 Fly 动画中案例的代码修改为下面的代码。

import fl. transitions. * ;

import fl. transitions. easing. * ;

TransitionManager. start(rc, {type: Zoom, direction: Transition. IN, duration: 2, easing: Elastic. easeOut});

输出代码, 可以看到 rc 影片剪辑由小变大的运动过程, 如图 8-1-4 所示。

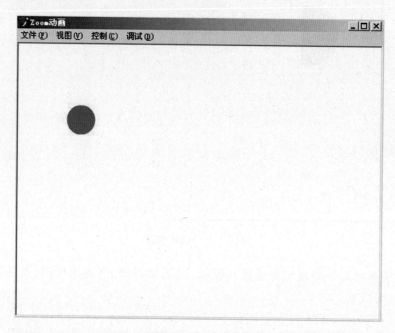

图 8-1-4　Zoom 动画

（5）Squeeze 动画。

Squeeze 动画类可以叫挤压动画。把 Fly 动画中案例的代码修改为下面的代码。

import fl. transitions. * ;

import fl. transitions. easing. * ;

TransitionManager. start(rc, {type: Squeeze, direction: Transition. IN, duration: 2, easing: Elastic. easeOut, dimension: 1});

其中参数 dimension 为一个整数, 指示"挤压"效果应是水平的(0)还是垂直的(1)。

输出代码, 可以看到 rc 影片剪辑类似于果冻被上下挤压的运动效果, 如图 8-1-5 所示。

（6）Fade 动画。

Fade 动画类可以叫淡入淡出动画。在舞台上放置一张图片, 并转换为影片剪辑, 起名为 rc, 再把 Fly 动画案例的代码修改为下面的代码。

import fl. transitions. * ;

import fl. transitions. easing. * ;

TransitionManager. start(rc, {type: Fade, direction: Transition. IN, duration: 4, easing: Strong. easeOut});

输出代码, 可以看到一张图片缓缓出现, 如图 8-1-6 所示。

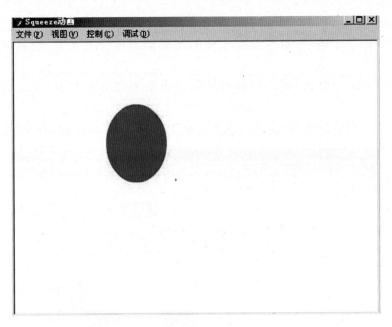

图 8-1-5 Squeeze 动画

图 8-1-6 Fade 动画

（7）PixelDissolve 动画。

PixelDissolve 动画类可以叫像素溶解动画。把 Fade 动画案例的代码修改为下面的代码。

import fl. transitions. * ;

import fl. transitions. easing. * ;

TransitionManager. start(rc,｛type：PixelDissolve,direction：Transition. IN,duration：2,easing：Regular. easeIn,xSections：10,ySections：10｝);

其中 xSections 和 ySections 参数的意思是：

xSections：一个整数，指示沿水平轴的遮罩矩形部分的数目，建议的范围是 1 到 50。

ySections：一个整数，指示沿垂直轴的遮罩矩形部分的数目，建议的范围是 1 到 50。

输出代码，可以看到图片以马赛克的小块方式逐渐显示出来，如图 8-1-7 所示。

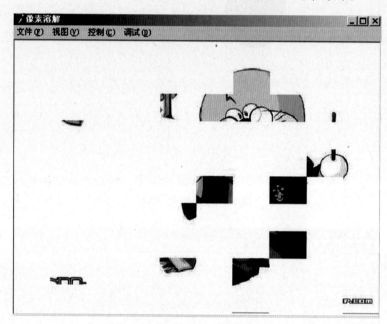

图 8-1-7　PixelDissolve 动画

（8）Blinds 动画。

Blinds 动画类可以叫百叶窗动画。把 Fade 动画案例的代码修改为下面的代码。

import fl.transitions.*；

import fl.transitions.easing.*；

TransitionManager.start(rc,{type：Blinds,direction：Transition.IN,duration：2, easing：None.easeNone,numStrips：10,dimension：0})；

其中 numStrips 和 dimension 参数的意思是：

numStrips：“遮帘”效果中的遮罩条纹数，建议的范围是 1 到 50。

dimension：一个整数，指示遮罩条纹是垂直的（0）还是水平的（1）。

输出代码，可以看到图片像百叶窗一样缓缓展开，如图 8-1-8 所示。

（9）Photo 动画。

Photo 动画可以叫照相闪光动画。把 Fade 动画案例的代码修改为下面的代码。

import fl.transitions.*；

import fl.transitions.easing.*；

TransitionManager.start(rc,{type：Photo,direction：Transition.IN,duration：1, easing：None.easeNone})；

图 8-1-8 Blinds 动画

输出代码,可以看到图片类似于照相机拍照的显示效果,末尾还带一个闪光灯的效果,如图 8-1-9 所示。

图 8-1-9 Photo 动画

(10) Rotate 动画。

Rotate 动画可以叫旋转动画。把 Fade 动画案例的代码修改为下面的代码。

import fl. transitions.*;

import fl. transitions. easing. * ;

TransitionManager. start(rc,{type:Rotate,direction:Transition. IN,duration:3, easing:Strong. easeInOut,ccw:false,degrees:720});

其中 ccw 和 degrees 参数的意思是：

ccw：一个布尔值，顺时针旋转为 false，逆时针旋转为 true。

degrees：一个整数，指示对象要旋转的度数，建议的范围是 1 到 9999。例如，degrees 设置为 720 时，会将对象完全旋转两次。

输出代码，可以看到图片缓缓加速旋转并停下来，如图 8-1-10 所示。

图 8-1-10　Rotate 动画

8.2　节能汽车广告制作

下面将使用 8.1 节的知识制作一个常见的广告展示媒体，如何灵活地将动画技术加入到自己的设计思想里是最重要的，只有通过多做多练才能逐渐掌握。

这个广告为数款节能汽车的展示广告，设计主体思路为 2D 展示，通过界面的操作能够更换所显示的产品，如图 8-2-1 所示。

将 4 张节能汽车的图片拖入到舞台中，并转换为影片剪辑，起名为 t1～t4。绘制点击栏的方形，并转换为影片剪辑，起名为 leftBar，为 leftBar 绘制子影片剪辑，分别起名为 t1～t4。在舞台的左边再绘制一个名为"bar"的影片剪辑。注意默认 leftBar 的位置在舞台外。

希望实现这样的功能：鼠标靠近"bar"的时候，"leftBar"会弹出；鼠标离开"left-Bar"，它会缩回舞台的左边；鼠标单击节能汽车的按钮时，汽车图片会以 Flash 内置的 10 种动画效果中的随机一种显示出来。

图 8-2-1　2D 展示舞台整体设计

下面的代码为实现以上功能的代码。

```
package
{
    import fl.transitions.*;
    import fl.transitions.easing.*;
    import flash.events.MouseEvent;
    import flash.display.Sprite;
    import flash.display.MovieClip;
    import flash.events.Event;
    public class TransitionTest extends Sprite
    {
        private var pointX:Number;
        public function TransitionTest():void
        {
            bar.addEventListener(MouseEvent.MOUSE_OVER,over);
            pointX=leftBar.x;
            hidePicture();
            leftBar.t1.addEventListener(MouseEvent.CLICK,showPicture);
            leftBar.t2.addEventListener(MouseEvent.CLICK,showPicture);
            leftBar.t3.addEventListener(MouseEvent.CLICK,showPicture);
            leftBar.t4.addEventListener(MouseEvent.CLICK,showPicture);
        }
        private function showPicture(e:MouseEvent):void
        {
            hidePicture();
            var t:MovieClip;
            switch (e.target.name)
            {
                case "t1":
```

```
                    t＝t1；
                    break；
            case "t2"：
                    t＝t2；
                    break；
            case "t3"：
                    t＝t3；
                    break；
            case "t4"：
                    t＝t4；
                    break；
    }
    t. visible＝true；
    switch (int(Math. random()＊10))
    {
        case 0：
            TransitionManager. start(t,{type：Blinds,direction：Tran-
sition. IN,duration：1,easing：Strong. easeOut,startPoint：4})；
            break；
        case 1：
            TransitionManager. start(t,{type：Fade,direction：Transi-
tion. IN,duration：1,easing：Strong. easeOut,startPoint：4})；
            break；
        case 2：
            TransitionManager. start(t,{type：Fly,direction：Transi-
tion. IN,duration：1,easing：Strong. easeOut,startPoint：4})；
            break；
        case 3：
            TransitionManager. start(t,{type：Iris,direction：Transi-
tion. IN,duration：1,easing：Strong. easeOut,startPoint：4})；
            break；
        case 4：
            TransitionManager. start(t,{type：Photo,direction：Tran-
sition. IN,duration：1,easing：Strong. easeOut,startPoint：4})；
            break；
        case 5：
            TransitionManager. start(t,{type：PixelDissolve,direction：Tran-
sition. IN,duration：1,easing：Strong. easeOut,startPoint：4})；
            break；
        case 6：
```

```
                    TransitionManager. start(t,{type:Rotate,direction:Tran-
sition. IN,duration:1,easing:Strong. easeOut,startPoint:4});
                    break;
            case 7:
                    TransitionManager. start(t,{type:Squeeze,direction:Transi-
tion. IN,duration:1,easing:Strong. easeOut,startPoint:4});
                    break;
            case 8:
                    TransitionManager. start(t,{type:Wipe,direction:Transi-
tion. IN,duration:1,easing:Strong. easeOut,startPoint:4});
                    break;
            case 9:
                    TransitionManager. start(t,{type:Zoom,direction:Tran-
sition. IN,duration:1,easing:Strong. easeOut,startPoint:4});
                    break;
            }
        }
        private function hidePicture():void
        {
            t1. visible=false;
            t2. visible=false;
            t3. visible=false;
            t4. visible=false;
        }
        private function out(e:Event):void
        {
            if (this. stage. mouseX<leftBar. x-leftBar. width/2||
                this. stage. mouseX>leftBar. x+leftBar. width/2||
                this. stage. mouseY<leftBar. y-leftBar. height/2||
                this. stage. mouseY>leftBar. y+leftBar. height/2)
            {
                TransitionManager. start(leftBar,{type:Fly,direction:Transi-
tion. OUT,duration:1,easing:Strong. easeIn,startPoint:4});
                leftBar. removeEventListener(MouseEvent. MOUSE_OUT,out);
                bar. addEventListener(MouseEvent. MOUSE_OVER,over);
            }
        }
        private function over(e:MouseEvent):void
        {
            leftBar. x=leftBar. width/2;
```

8. 2 节能汽车广告制作

```
                    TransitionManager. start(leftBar,{type:Fly,direction:Transition.
IN,duration:1,easing:Strong. easeOut,startPoint:4});
                        bar. removeEventListener(MouseEvent. MOUSE_OVER,over);
                    leftBar. addEventListener(MouseEvent. MOUSE_OUT,out);
                }
            }
        }
```

在上面的代码中主要的响应事件有下面几个。

（1）给"bar"添加一个鼠标经过它的事件：bar. addEventListener（MouseEvent. MOUSE_OVER,over）；

响应这个事件的方法为"over"，实现了鼠标经过"bar"时弹出"leftBar"。

（2）弹出"leftBar"后，鼠标单击了其中的4个按钮之一触发的事件：

leftBar. t1. addEventListener（MouseEvent. CLICK,showPicture）；

leftBar. t2. addEventListener（MouseEvent. CLICK,showPicture）；

leftBar. t3. addEventListener（MouseEvent. CLICK,showPicture）；

leftBar. t4. addEventListener（MouseEvent. CLICK,showPicture）；

响应这个事件的方法为"showPicture"，实现了鼠标单击其中的按钮时在舞台中以动画的方式显示出节能车的模型，主要使用到了上节中动画的制作方法。

（3）鼠标离开了"leftBar"后会触发下面的事件：leftBar. addEventListener（MouseEvent. MOUSE_OUT,out）；

响应这个事件的方法为"out"，实现了鼠标离开了"leftBar"后，"leftBar"会缩回去。

输出代码，测试动画就可以看到一个较为完整的2D展示程序。

8.3　前沿广告制作

上一节已经学习到了如何制作2D展示广告，但是2D图像在表现形式上并不能很好地展示出节能汽车的全部。本节将学习Flash的3D应用，如果在节能汽车中加入能360°观看的功能的话，那么这个展示广告的商业价值将更高。

8.3.1　Alternativa 3D

1. Alternativa 3D 引擎介绍

Alternativa 3D 是基于 Flash 的 3D 引擎，为俄罗斯一个技术团队制作的商业的 3D 引擎。

Alternativa 3D 7 是免费的，任何人可以在自己的项目中使用而不需任何费用，但是本技术用于商业应用时需要放置 Alternativa 公司的链接。Alternativa 3D 8 还将基于拥有下一代 3D API 的新版 Flash Player。为方便介绍，后面将 Alternativa 3D 简称为 A3D。

本书使用的 A3D 版本为7.5.0，表8-3-1列出了 A3D 库中的所有包以及对包中内容的解释。

表 8-3-1　A3D 库中的包

包名	说明
alternativa	包内的类说明了当前版本号
alternativa. engine3d. animation	包含了动画相关的类
alternativa. engine3d. animation. keys	包含了动画关键帧的类
alternativa. engine3d. containers	包含了容器的类
alternativa. engine3d. controllers	包含了互动操作的类
alternativa. engine3d. core	包含了本引擎的核心类,如摄像机或视口等
alternativa. engine3d. loaders	包含了加载的相关类
alternativa. engine3d. loaders. events	包含了加载过程的事件的类
alternativa. engine3d. materials	包含了材质的类
alternativa. engine3d. objects	包含了可以绘制的物体的类
alternativa. engine3d. primitives	包含了可绘制的基本图元的类

2. 在项目中导入引擎库

在 Flash 中要导入 A3D 库,首先打开"高级 ActionScript 3.0 设置",然后选择"库路径",单击"＋",如图 8-3-1 所示。

图 8-3-1　添加库路径

找到"Alternativa3D 7.5.0.swc"后单击"打开"按钮,图 8-3-2 所示。

图 8-3-2 添加 Alternativa3D 7.5.0 库

3. 创建基本的 3D 场景

下面将演示如何创建一个基本的 3D 场景。

首先创建一个 Base3DScene.as 文件,然后导入必要的库文件,所需库文件如下。

//从 A3D 包中导入所需要的类

  import alternativa.engine3d.containers.BSPContainer;

  import alternativa.engine3d.controllers.SimpleObjectController;

  import alternativa.engine3d.core.Camera3D;

  import alternativa.engine3d.core.Object3D;

  import alternativa.engine3d.core.View;

  import alternativa.engine3d.materials.TextureMaterial;

  import alternativa.engine3d.primitives.Box;

  import alternativa.engine3d.core.MouseEvent3D;

//从 Flash 包中导入所需要的类

  import flash.display.BitmapData;

  import flash.display.Sprite;

  import flash.display.StageAlign;

  import flash.display.StageQuality;

  import flash.display.StageScaleMode;

  import flash.events.Event;

  下面为使用到的基本变量。为了展示 3D 空间效果,所以要添加一个方盒,并给其贴上位图。

private var camera:Camera3D;

private var controller:SimpleObjectController;

private var container:BSPContainer;

• Camera3D 是 3D 空间的摄像机,有自己的坐标。

• SimpleObjectController 是控制摄像机的类。

• BSPContainer 二叉空间分割容器,可以认为这是个 3D 的显示容器。

首先在库中添加一个位图作为给方盒的贴图,类名为"myTexture",类型为"Bitm-apData",然后在类中添加下面的代码。

```
package
{

    import alternativa. engine3d. containers. BSPContainer;

    import alternativa. engine3d. controllers. SimpleObjectController;

    import alternativa. engine3d. core. Camera3D;

    import alternativa. engine3d. core. Object3D;

    import alternativa. engine3d. core. View;

    import alternativa. engine3d. materials. TextureMaterial;

    import alternativa. engine3d. primitives. Box;

    import alternativa. engine3d. core. MouseEvent3D;

    import alternativa. engine3d. loaders. Parser3DS;



    import flash. display. BitmapData;

    import flash. display. Sprite;

    import flash. display. StageAlign;

    import flash. display. StageQuality;

    import flash. display. StageScaleMode;

    import flash. events. Event;


    public class Base3DScene extends Sprite
    {

        private var camera:Camera3D;

        private var controller:SimpleObjectController;

        private var container:BSPContainer;


        public function Base3DScene ()
        {
            stage. scaleMode=StageScaleMode. NO_SCALE;

            stage. align=StageAlign. TOP_LEFT;

            stage. quality=StageQuality. HIGH;
```

```
                    camera=new Camera3D();
                    camera.view=new View(800,600);
                    addChild(camera.view);
                    camera.rotationX=-120*Math.PI/180;
                    camera.rotationZ=-10*Math.PI/180;
                    camera.x=-10;
                    camera.y=-500;
                    camera.z=400;

                    controller=new SimpleObjectController(stage,camera,200,3);
                    container=new BSPContainer()

                    var material:TextureMaterial=new TextureMaterial();
                    material.texture=new myTexture(1,1);
                    var box:Box=new Box(200,200,200);
                    box.setMaterialToAllFaces(material);
                    box.x=0;
                    box.y=0;
                    box.z=0;

                    container.addChild(camera);
                    container.addChild(box);
                    onResize();

                    addEventListener(Event.ENTER_FRAME,onEnterFrame);
                    stage.addEventListener(Event.RESIZE,onResize);
            }

        public function onEnterFrame(e:Event):void
            {
                    controller.update();
                    camera.render();
            }

        public function onResize(e:Event=null):void
            {
                    camera.view.width=stage.stageWidth;
                    camera.view.height=stage.stageHeight;
                    camera.view.x=0;
```

```
                camera. view. y＝0；
        }
    }
}
```

输出代码，可以看见一个 3D 空间的方盒，方盒表面贴满了库中的位图，使用键盘的"w"、"s"、"a"和"d"键以及鼠标可以控制摄像机的移动和旋转。舞台画面如图8-3-3所示。

图 8-3-3　3D 空间中的方盒

4．创建 3D 场景的分析

下面逐步分析其中的重要代码片段。

```
camera＝new Camera3D()；
camera. view＝new View(800,600)；//创建一个 View 视口,并赋值给摄像机
addChild(camera. view)；//将当前的视口添加到舞台上
camera. rotationX＝－120 * Math. PI/180；
camera. rotationZ＝－10 * Math. PI/180；
camera. x＝－10；
camera. y＝－500；
camera. z＝400；//这段代码旋转并且移动了摄像机
controller＝new SimpleObjectController(stage,camera,200)；
//创建出控制对象,并用它来控制摄像机,第三个参数 200 为摄像机移动的速度
container＝new BSPContainer()；//创建出容器对象
var material:TextureMaterial＝new TextureMaterial()；
material. texture＝new myTexture(1,1)；//创建出一个纹理对象,可以用它贴到
```
3D 物体上

var box:Box=new Box(200,200,200);//创建出方盒对象,三个参数分别为长、宽、高

box.setMaterialToAllFaces(material);//设定给方盒贴的纹理

这里需要注意,如果不给方盒设置坐标的话,默认坐标为(0,0,0)点。3D坐标表示方式为(x,y,z),在左手坐标系下z向屏幕里为正方向,从屏幕里向外为负方向。

container.addChild(camera);

container.addChild(box);//将摄像机和盒子添加到容器中

controller.update();

camera.render();//播放头事件中不断更新摄像机的操作和摄像机里所绘制的内容

8.3.2 节能汽车展示广告

1. 在场景中加入 3D 模型

8.3.1节的内容是通过A3D在3D空间中创建方盒并贴图,如果要创建更复杂的模型,依靠A3D的基本图元难度会极大,所以更好的方法是通过建模软件(如3ds Max等)创建复杂的模型。本节将演示如何加载一个从3ds Max 2011中导出的3ds模型,并且在Flash中显示出来。

首先要注意导出的模型文件面数尽量不要过多,因为面数过多会导致动画速度降低,CPU占用时间过长等问题。

创建一个show3dsModel.as脚本,然后在类文件中加入下面的代码。

```
package
{
    import alternativa.engine3d.containers.BSPContainer;
    import alternativa.engine3d.controllers.SimpleObjectController;
    import alternativa.engine3d.core.Camera3D;
    import alternativa.engine3d.core.View;
    import alternativa.engine3d.core.MouseEvent3D;
    import alternativa.engine3d.loaders.Parser3DS;
    import flash.display.Sprite;
    import flash.display.StageAlign;
    import flash.display.StageQuality;
    import flash.display.StageScaleMode;
    import flash.events.Event;
    import flash.net.URLLoader;
    import flash.net.URLRequest;
    import flash.net.URLLoaderDataFormat;
    public class show3dsModel extends Sprite
    {
        private var camera:Camera3D;
        private var controller:SimpleObjectController;
```

```
private var load3d:Parser3DS=new Parser3DS;
private var loader:URLLoader=new URLLoader;
var container:BSPContainer=new BSPContainer();
public function show3dsModel()
{
    stage. scaleMode=StageScaleMode. NO_SCALE;
    stage. align=StageAlign. TOP_LEFT;
    stage. quality=StageQuality. HIGH;
    camera=new Camera3D();
    camera. view=new View(800,600);
    addChild(camera. view);
    camera. rotationX=-120 *Math. PI/180;
    camera. rotationZ=-10 *Math. PI/180;
    camera. x=-10000;
    camera. y=-40000;
    camera. z=20000;
    controller=new SimpleObjectController(stage,camera,8000,3);
    loader. dataFormat=URLLoaderDataFormat. BINARY;
    loader. load(new URLRequest("40FORD_L. 3DS"));
    loader. addEventListener(Event. COMPLETE,completeHandler);
    container. addChild(camera);
    onResize();
    addEventListener(Event. ENTER_FRAME,onEnterFrame);
    stage. addEventListener(Event. RESIZE,onResize);
}
public function completeHandler(e:Event):void
{
    load3d. parse(loader. data);
    for (var i in load3d. objects)
    {
        container. addChild(load3d. objects[i]);
    }
}
public function onEnterFrame(e:Event):void
{
    controller. update();
    camera. render();
}
public function onResize(e:Event=null):void
{
```

```
camera. view. width = stage. stageWidth;
camera. view. height = stage. stageHeight;
camera. view. x = 0;
camera. view. y = 0;
        }
    }
}
```

输出上面的代码,可以看见一个红色的汽车在屏幕中,模型无贴图,使用键盘的"w"、"s"、"a"和"d"键以及鼠标可以控制摄像机的移动,运行效果如图 8-3-4 所示。

图 8-3-4   在舞台中显示 3ds 模型

2. 加载 3D 模型的分析

下面解释显示 3D 模型的重要代码片段。

比起 8.3.1 节,本节的代码需要多包含下面的库文件。

import alternativa. engine3d. loaders. Parser3DS;

import flash. net. URLLoader;

import flash. net. URLRequest;

import flash. net. URLLoaderDataFormat;

比 8.3.1 节多一个变量:

private var load3d:Parser3DS = new Parser3DS;//Parser3DS 为专用解析 3ds 文件的类,可以将类转换为 A3D 中的显示元件 Object3D

private var loader:URLLoader = new URLLoader;//URLLoader 类用于从外部加载 3ds 文件

loader. dataFormat = URLLoaderDataFormat. BINARY;//表示使用二进制的方式加载 3ds 文件,这个是必须使用的

loader. load(new URLRequest("40FORD_L. 3DS"));//使用 URLLoader 加载
3ds 文件

loader. addEventListener(Event. COMPLETE, completeHandler);//监听加载事件,加载完成后才用 Parser3DS 解析加载的数据

```
public function completeHandler(e:Event):void
    {
        load3d. parse(loader. data);
        for (var i in load3d. objects)
        {
            container. addChild(load3d. objects[i]);
        }
    }
```

这个函数是本节的重点,首先使用 parse 方法解析出 URLLoader 所加载的数据,这是一个模型材质的复合数据,然后使用循环的方式将数据中的所有模型添加到容器中。

本章小结

从 Flash 广告的普及趋势来看,未来使用 Flash 制作的广告会越来越多。想要制作出更出色的广告项目,不仅要掌握扎实的互动技术,而且在广告制作的创意上也要下狠功夫,需要在制作中多想多练,多与他人交流,借鉴更多人的设计思想。

课后练习

自己选材制作 2D 或者 3D 的展示广告。

Dreamweaver 与网站设计基础

　　在开始制作网页之前,需要对网站的设计有全面了解和认识。在本章中首先介绍网页和网站的基本概念及构成要素,帮助读者理解网页的特点与结构;接下来学习网站建设的基本流程,了解网站是如何从无到有搭建的;此外,网页版式与风格设计是建设一个成功网站的关键,学习基本的规律有助于设计出更美观、实用的网站。

9.1　网页与网站

　　由于在网络上可以同时传送文字、动画、图形、声音等多种媒体组合,它逐渐成为当今最流行的媒体。而形式各异、内容繁多的网页是这些信息的载体。什么是网页?什么是网站?网页与网站究竟有哪些异同?网页包含哪些基本构成要素?对没有过多接触网络知识的读者来说疑问重重。

9.1.1　相关知识

1. 认识网页与网站

(1) 网页与网站概述。

　　网页(Web Page)实际上是一个文件,经由网址(URL)来识别与存取。当浏览者输入一个网址或单击某个链接,在浏览器中显示出来的就是一个网页。

　　网站(Web Site)是各种网页的集合,有的网站内容众多,例如一些门户网站;有的网站只有几个页面,如个人网站。在构成网站的众多网页中,有一个页面比较特殊,称为"首页"(Home Page)。当浏览者输入网站地址后出现的第一个页面,即网站的首页,如图 9-1-1 所示。浏览者可以根据首页的导航进入其他页面,了解更多内容。

　　(2) 网页的基本构成要素。

　　虽然网页种类繁多,形式内容各有不同,但网页的基本构成要素大体相同,包括标题(Logo)、导航、文本、图片、动画、超链接、表单、音视频等,如图 9-1-2 所示。网页设计就是要将上述构成要素有效整合,表达出美与和谐。

图 9-1-1　网站首页

图 9-1-2　网页构成要素

2. 网站建设的基本流程

规范的网站建设应遵循一定的流程,主要由规划设计阶段、实施发布阶段和评价阶段组成。各个阶段的具体环节,如图 9-1-3 至图 9-1-5 所示。

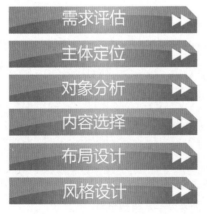

图 9-1-3　规划设计阶段

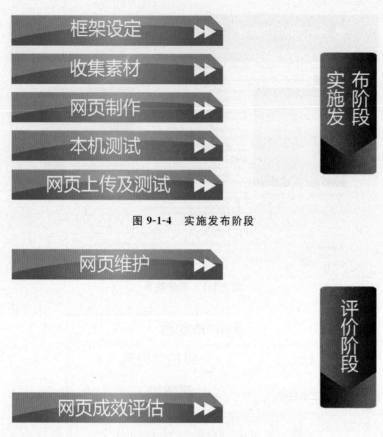

图 9-1-4　实施发布阶段

图 9-1-5　评价阶段

3. 网页版式设计

网页的版式设计是网页设计的核心，包括网页整体布局设计和导航样式的设计。下面介绍常见的几种网页布局，以及网页导航设计应遵循的原则。

（1）网页布局。

网页布局是网页设计的基础，网页的布局主要可归为三大类型：分栏式结构、区块分布式结构、无框架局限式结构。分栏式结构运用最为广泛，其布局示意图如图 9-1-6 所示。

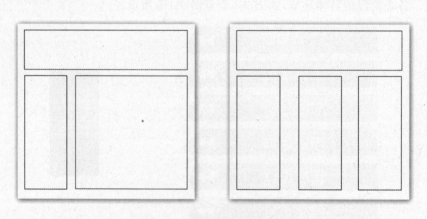

图 9-1-6　网站分栏式结构布局

（2）导航设计。

导航是网页设计中不可或缺的基础元素之一。导航就如同一个网站的路标，有了它就不会在浏览网站时"迷路"。导航链接着各个页面，只要单击导航中的超链接就能进入相应的页面。

导航设计的好坏，决定着用户是否能很方便地使用网站。导航设计应直观明确，最大限度地为用户使用考虑，尽可能使网页跳转更便捷。导航的设计要符合整个网站的风格和要求，不同的网站会采用不同的导航方式。一般来说，在网页的上端或左侧设置导航栏是比较普遍的方式，网站往往采用上端文字作为一级导航，左侧树状结构菜单作为二级导航。

导航设计应遵循以下原则：

· 让用户了解当前所处的位置。

· 让用户能根据走过的路径，确定下一步的前进方向和路径。

· 不需要浏览太多的页面才能找到需要的信息，让用户能快速而简捷地找到所需的信息，并以最佳的路径到达这些信息。

· 让用户使用网站遇到困难时，能寻求到解决困难的方法，找到最佳路径。

· 让用户清楚地了解整个网站的结构概况，产生整体性感知。

· 对使用频率不同的信息作有序处理。

如图 9-1-7 所示为一个网站导航样例。

图 9-1-7　网页导航

4. 网页风格设计

同样的版式设计，配色不同，文字样式不同，也可以呈现出多种不同的网页风格。下面将结合实例从网页配色和文字艺术两个方面对网页风格设计进行具体分析。

（1）网页配色。

设计精美的网站都有其色调构成的总体倾向，往往以一种或几种接近颜色为主导，使网页全局呈现某种和谐、统一的色彩倾向。网页配色中可以将色系与对比色结合使用。

·运用色系。先根据网页主题,选定一种主色,然后调整透明度或饱和度,也就是将色彩变浅或加深,调配出新的色彩。这样的页面看起来色彩一致,有层次感,如图9-1-8所示。

图 9-1-8　色系配色

·运用对比色。可以充分利用对比色进行设计,同时注意使用灰色调进行调和。这样的作品页面色彩丰富,如图 9-1-9 所示。

图 9-1-9　对比色配色

(2) 文字艺术。

文字在版面中一般占有绝大部分空间,是网页信息的主要载体。文字处理的好坏关系到网页设计的成败。字体的选择、字号的大小、文字的颜色、行与行的距离、段落与段落的安排，都需要认真考虑。好的文字设计会给网页增色不少，如图 9-1-10 所示。

图 9-1-10　文字艺术

5．实例分析

（1）网站描述。

如图 9-1-11 所示是一家房地产的网站首页。界面设计现代感、节奏感很强，这与公司的风格一致。导航设计简洁利落，很值得学习借鉴。

图 9-1-11　网站首页

（2）布局。

网页布局采用的是比较常见的分栏式结构。布局示意图如图 9-1-12 所示。a 为网站的 Logo 所在的区域；b 为网站的内容区域，主要由文字和图片组成；c 为网站主菜单所在的区域;d 为搜索与其他公共功能所在的区域;e 为版权信息所在的区域。

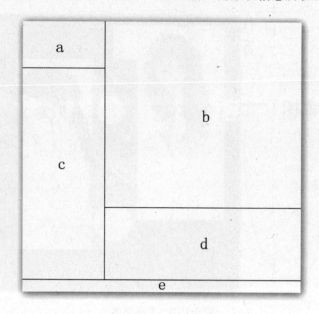

图 9-1-12　网站布局

（3）配色。

网页选用蓝色与黑色,象征华丽与自然的结合,与网站主题一致。除此之外,网页文字的配色主要以白色和黑色为主,如图 9-1-13 所示。

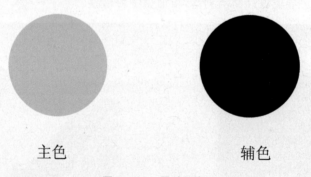

主色　　　　　　　　　　　　辅色

图 9-1-13　网站配色

9.1.2　初识 Dreamweaver

Adobe Dreamweaver 是建立 Web 站点和应用程序的专业工具。它将可视布局工具、应用程序开发功能和代码编辑支持组合在一起,功能强大,使得各个层次的开发人员和设计人员都能快速创建网站和应用程序。从对基于 CSS 设计的领先支持到手工编码功能,Dreamweaver 为专业人员提供了在一个集成、高效的环境中所需的工具。开发人员可以使用 Dreamweaver 及所选择的服务器技术来创建功能强大的网页应用程序,从而使用户能连接到数据库、Web 服务等。

1. Dreamweaver CS5 简介

Adobe Dreamweaver CS5 是一款专业的网页制作软件,用于对 Web 站点、Web 页和 Web 应用程序进行设计、编码和开发。无论是喜欢直接编写 HTML 代码还是偏爱在可视化编辑环境中工作，Dreamweaver 都会提供众多工具，丰富用户的 Web 创作体验。

利用 Dreamweaver 中的可视化编辑功能，可以快速地创建页面而无需编写任何代码。不过，如果喜欢用手工直接编码，Dreamweaver 也提供了许多与编码相关的工具和功能。并且，借助 Dreamweaver，还可以使用服务器语言（例如 ASP、ASP. NET、JSP 和 PHP）生成支持动态数据库的 Web 应用程序。

（1）Dreamweaver CS5 的工作界面。

Dreamweaver CS5 的工作界面与 Dreamweaver 之前的版本有所差别，主要由菜单栏、文档工具栏、编辑区、状态栏、属性检查器、面板组等部分组成，而插入栏则整合在面板组中，如图 9-1-14 所示。

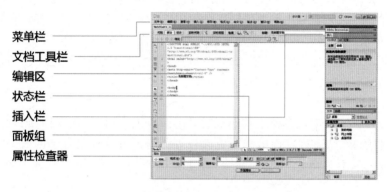

图 9-1-14　Dreamweaver CS5 工作界面

（2）菜单栏。

菜单栏主要包括"文件"、"编辑"、"查看"、"插入"、"修改"、"格式"、"命令"、"站点"、"窗口"和"帮助"等菜单。单击菜单栏中的"命令"，可以在下拉菜单中选择要执行的命令，如图 9-1-15 所示。

图 9-1-15　菜单栏

（3）插入栏。

"插入"工具栏在之前的版本均在菜单栏下方，CS5 版本将其整合在右部面板组中，使用起来更为灵活方便，插入栏按下面的类别进行组织：

·"常用"类别可以创建和插入最常用的对象，例如图像和 Flash 等。

·"布局"类别主要用于网页布局，可以插入表格、div 标签、层和框架。

·"表单"类别包含用于创建表单和插入表单元素的按钮。

·"数据"类别可以插入 Spry 数据对象和其他动态元素，例如记录集、重复区域、显示区域以及插入记录和更新记录等。

·"Spry"类别包含一些用于构建 Spry 页面的按钮，例如 Spry 文本域、Spry 菜单栏等。

- ·"文本"类别可以插入各种文本格式设置标签和列表格式设置标签。
- ·"收藏夹"类别可以将"插入"栏中最常用的按钮分组和组织到某一常用位置。

（4）文档工具栏。

文档工具栏中包含一些按钮，可以在文档的不同视图间快速切换，例如："代码"视图、"设计"视图、同时显示"代码"和"设计"视图的拆分视图。文档工具栏中还包含一些与查看文档、在本地和远程站点间传输文档有关的常用命令和选项，如："在浏览器中预览/调试"、"文件管理"、"验证标记"、"检查浏览器兼容性"等。

注意：单击菜单栏中的"查看"→"工具栏"→"文档"命令，就会在 Dreamweaver CS5 中显示文档工具栏。若去掉"文档"选项前的对勾，就可以隐藏文档工具栏。

（5）状态栏。

状态栏提供与正创建的文档有关的其他信息。其中"标签选择器"显示环绕当前选定内容的标签的层次结构。单击该层次结构中的任何标签可以选择该标签及其全部内容。例如，单击"<body>"可以选择文档的整个正文。"缩放工具"可以设置当前页面的缩放比率。"窗口大小"用来将"文档"窗口的大小调整到预定义或自定义的尺寸。状态栏最右侧显示当前页面的文档大小和估计下载时间。

（6）面板组。

Dreamweaver CS5 将各种工具面板集成到面板组中，包括插入面板、行为面板、框架面板、文件面板、CSS 样式面板和历史面板等。用户可以根据自己的需要，选择隐藏和显示面板。单击菜单栏"窗口"命令，在下拉菜单中选择"历史记录"，将展开历史面板。

2. 定义站点

站点是一个管理网页文档的场所。简单地讲，若干网页文档连接起来就构成了站点。站点可以小到一个网页，也可以大到一个网站。

Dreamweaver CS5 具有强大的站点管理功能，可以实现站点的即时修改，帮助用户管理和维护整个站点的所有文档。它还可以自动更新和修复文档中的链接和路径，以及实现远程站点和本地站点文档的同步与更新。下面重点介绍如何创建管理本地站点和远程站点，以及使用"文件"面板和"站点地图"管理站点中的文件。

（1）创建站点。

用 Dreamweaver 制作网站，第一步就是创建站点，为网站指定本地文件夹和服务器，使之建立联系。此外，Dreamweaver 提供的"管理站点"功能，还可以对新创建的站点进行管理。

（2）创建本地站点和远程站点。

本地站点是指在本地计算机上用来存放网站的所有文件的文件夹，远程站点是在服务器上存放网站所有文件的文件夹。通过设置远程站点的地址、登录名等信息，可以建立该服务器与本地站点的联系，在本地站点与远程站点之间传递文件。具体操作步骤如下：

a. 选择"站点"→"管理站点"。

b. 单击"新建"以设置新站点，或选择现有的 Dreamweaver 站点并单击"编辑"，如图 9-1-16 所示。

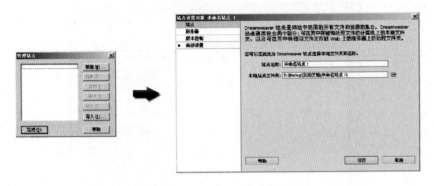

图 9-1-16 新站站点与站点管理

c.在"站点设置"对话框中,选择"服务器"类别并执行下列操作之一:

•单击"添加新服务器"按钮,添加一个新服务器。

•选择一个现有的服务器,然后单击"编辑现有服务器"按钮。

d.在"服务器名称"文本框中,指定新服务器的名称。该名称可以任意选择。

e.在"连接方法"下拉菜单中,选择"本地/网络"。

f.单击"服务器文件夹"文本框旁边的文件夹图标,浏览并选择存储站点文件的文件夹。

g.单击"保存"按钮关闭"基本"屏幕。在"服务器"类别中,指定刚添加或编辑的服务器为"远程"服务器或"测试"服务器,还是同时为这两种服务器,如图 9-1-17 所示。

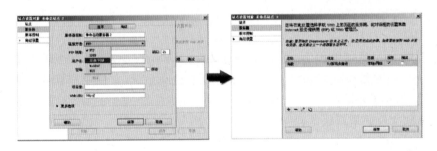

图 9-1-17 新建站点与站点管理

(3)使用"管理站点"对话框。

在上一步创建站点过程中,已经接触到"管理站点"对话框。使用"管理站点"对话框,可以管理多个站点,实现对站点的创建、编辑、复制、删除、导入和导出,如图 9-1-18 所示。

(4)管理站点中的文件。

在 Dreamweaver 中可以使用"文件"面板和使用"SVN". 管理文件。

a.使用"文件"面板管理文件。站点的所有文件在"文件"面板中以目录树的形式呈现,方便管理与查看,如图9-1-19所示。

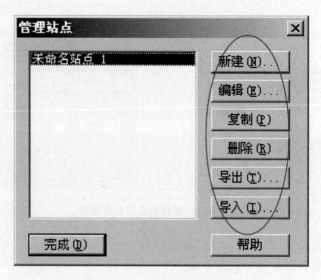

图 9-1-18 "管理站点"对话框

图 9-1-19 文件面板综合应用

b. 使用 Subversion(SVN)获取和存回文件。Dreamweaver 可以连接到使用 Subversion(SVN)的服务器,Subversion 是一种版本控制系统,它使用户能够协作编辑和管理远程 Web 服务器上的文件。Dreamweaver 不是一个完整的 SVN 客户端,但却可使用户获取文件的最新版本、更改和提交文件。

9.2 网页管理

在 9.1.2 节中对创建站点和管理站点进行了详细介绍,除了对站点的管理以外,对网页的管理也尤为重要。本节将介绍在 Dreamweaver 中创建网页,设置基本属性,预览网页以及网页制作的规范。

1. 文件

(1) 文件的创建。

使用 Dreamweaver 既可以创建空白页和空白模板,也可以创建基于模板的页面和基于 Dreamweaver 示例的页面。读者可以根据自身需要创建,并保存在站点下。

a. 选择"文件"→"新建"命令。

b. 在"新建文档"对话框的"空白页"类别中,从"页面类型"列选择要创建的页面类型。例如,选择"HTML"来创建一个纯 HTML 页,选择"ColdFusion"来创建一个 ColdFusion 页等。

c. 如果希望新页面包含 CSS 布局,可以从"布局"列中选择一个预设计的 CSS 布局;否则,选择"无"。根据选择,在对话框的右侧将显示选定布局的预览和说明。

（2）Dreamweaver 的文件类型。

在 Dreamweaver 中可以使用多种文件类型。使用的主要文件类型是 HTML 文件。HTML 文件（也称超文本标记语言文件）包含基于标签的语言,负责在浏览器中显示 Web 页面。可以使用.html 或.htm 后缀名保存 HTML 文件。Dreamweaver 默认情况下使用.html 扩展名保存文件。

使用 Dreamweaver 时还可能会用到的其他一些常见文件类型包括:

a. CSS 层叠样式表文件的扩展名为.css。它们用于设置 HTML 内容的格式并控制各个页面元素的位置。

b. GIF 图形交换格式文件的扩展名为.gif。GIF 格式是用于卡通、徽标、具有透明区域的图形、动画的常用 Web 图形格式。GIF 格式最多包含 256 种颜色。

c. JPEG 联合图像专家组文件（根据创建该格式的组织命名）的扩展名为.jpg,通常是照片或色彩较鲜明的图像。JPEG 格式最适合用于数码照片或扫描的照片、使用纹理的图像、具有渐变色过渡的图像以及需要 256 种以上颜色的任何图像。

d. XML 可扩展标记语言文件的扩展名为.xml。它们包含原始形式的数据,可使用 XSL（Extensible Stylesheet Language:可扩展样式表语言）设置这些数据的格式。

e. XSL 可扩展样式表语言文件的扩展名为.xsl 或.xslt。它们用于设置要在 Web 页中显示的 XML 数据的样式。

f. CFML ColdFusion 标记语言文件的扩展名为.cfm。它们用于处理动态页面。

g. PHP 超文本预处理器文件的扩展名为.php,可用于处理动态页。

（3）HTML 文件的创建。

一般的 HTML 文件由标签（Tags）、代码（Codes）、注释（Comments）组成。HTML 标签的基本格式是:

＜标签＞页面内容＜/标签＞

HTML 语言中涉及的标签相当多,对于初次接触它的读者来说,只需掌握一些常用的标签,如文本、标题、图像、链接和表格等。在今后的学习过程中,再逐渐深入学习。

2. 属性设置

系统默认创建的新网页背景色为白色、无背景图像、无标题等,可以通过修改页面属性的方法修改当前文档的属性,如背景、文字颜色、页面边距、标题编码属性等。

（1）设置背景属性。

页面的属性中可以设置页面的背景颜色和背景图像,如图 9-2-1 和图 9-2-2 所示。

（2）文本设置。

文本在网络上传输速度较快,用户可以很方便地浏览和下载文本信息,因此成为网页主要的信息载体。整齐划一、大小适中的文本能够体现网页的视觉效果。因而文本设置是设计精美网页的第一步。

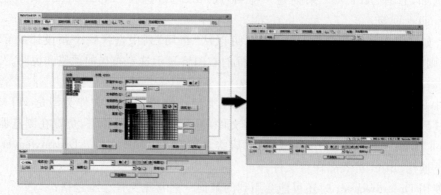

图 9-2-1　背景颜色设置

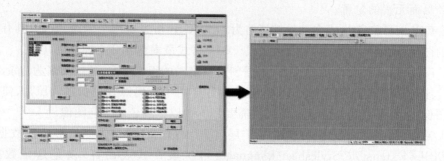

图 9-2-2　插入背景图像

　　Dreamweaver CS5 提供了多种插入文本的方法供读者选择。标题、栏目名称等少量文本，可以选择直接在窗口中输入；段落文本等大段文字，可以选择从其他文档中复制、粘贴；整篇文章或表格，可以选择导入 Word、Excel 文档。

　　网页中用不同的文字颜色来标示不同的内容，可以帮助浏览者更方便、快捷地浏览网站。例如，普通文本为黑色加粗显示，链接文本为蓝色下划线显示，活动链接为橘黄色下划线显示，如图 9-2-3 所示。

　　在 Dreamweaver 中输入文本与 Word 略有不同。要注意不换行空格、换行符的插入。在网页中经常需要插入日期，比如网页的更新日期，文章的上传日期等。Dreamweaver 提供了日期对象，可以方便地插入当前日期。Dreamweaver 还提供了丰富的特殊字符插入功能，可以插入如注册商标、版权、货币符号等特殊符号。除了直接输入文本和复制、粘贴文本以外，Dreamweaver 还可以直接将表格式文档、Word 文档、Excel 文档导入到当前文档，省去了复制、粘贴的麻烦。

　　a. 设置文本格式。由于插入的文本大小、字体格式不一致，需要对文本属性进行设置，使其风格保持统一。

　　使用 HTML 标签和 CSS 层叠样式表都可以设置文本属性，包括设置字体和字大小、粗体、斜体、下划线，文本颜色等。两者区别在于，使用 HTML 标签仅对当前应用的文本有效，当改变设置时，无法实现文本自动更新。而 CSS 则不同，通过 CSS 事先定义好文本样式，当改变 CSS 样式表时，所有应用该样式的文本将自动更新。此外，使用 CSS 能更精确地定义字体的大小，还可以确保字体在多个浏览器中的一致性。

图 9-2-3　文字设置

默认情况下,Dreamweaver CS5 使用 CSS 而不是 HTML 标签指定页面属性。

使用"属性检查器"可以方便地设置字体的类型、格式、大小、颜色,对于初学者来说这种方法简单易用。

b.设置段落格式。在"属性检查器"中同时可以设置段落格式,包括对齐文本、缩进文本、使用水平线等常用功能。

• 对齐文本:在网页文字排版时,经常用到对齐文本功能。对齐文本方式主要有 4 种:左对齐,居中对齐,右对齐,两端对齐。

• 缩进文本:在对网页中的段落进行排版布局时,经常会用到"缩进文本"命令,缩进页面两侧的文本长度,留出一定的空白区域,使页面更美观。

• 使用水平线:使用水平线进行文本段落分割,也是常用的方法。例如,在制作网页时,通常会在页面下部版权文字的上方插入一条水平线,用以分隔,使文档结构清晰明确。

c.列表。在网页中使用列表将内容分级显示,使侧重点一目了然,内容更有条理性。在 Dreamweaver CS5 中创建列表有两种方法:使用"属性检查器"或"文本"菜单下的"列表"命令。Dreamweaver 中的列表主要分为项目符号列表、编号列表、定义列表三种。

• 项目符号列表:显示一系列无序的项目,即那些不需要编号的项目,例如:

√ 苹果

√ 香蕉

√ 梨

• 编号列表:显示连续的项目列表。可以选择使用字母、数字或罗马数字作为编号,例如:

第一步

第二步

第三步

• 定义列表:显示术语和定义列表。术语通常都靠左显示,并且附有以缩进格式显示的定义。列表的确切格式由网站访问者使用的 Web 浏览器决定。可以将图形作为项目符号，而不使用默认的标准项目符号(如圆圈或方框)。

创建列表有两种方式——创建新列表和使用现有文本创建列表。两者创建列表方式操作类似。通过设置列表属性，可以改变列表的类型以及样式。

d. 检查拼写。在输入文本时，有时会遇到拼写错误。使用 Dreamweaver 的"检查拼写"命令，可以自动检查出当前文档中文本拼写的错误并将其更正，大大提高了工作效率。

e. 查找和替换文本。使用 Dreamweaver 的"查找和替换文本"功能，可以在文档或站点中方便地查找出指定的文本或代码，并进行替换，省去了亲自动手查找修改的麻烦，大大提高了网页编辑的效率。

3. 基础应用技巧

(1) 设置页面边距。

"左边距"和"上边距"两个属性分别设置整个页面距离浏览器左侧边缘的宽度和整个页面距离浏览器上部边缘的宽度，以像素为单位。

在"页面属性"对话框中，"左边距"文本框中输入"100"，"上边距"文本框中输入"100"，如图 9-2-4 所示。

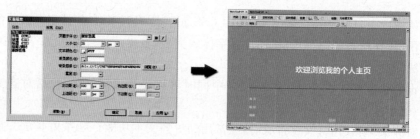

图 9-2-4 边距设置

此时，页面内容距离浏览器左侧边缘和上部边缘的宽度调整为 100 像素，在 IE 浏览器中的显示效果，如图 9-2-5 所示。

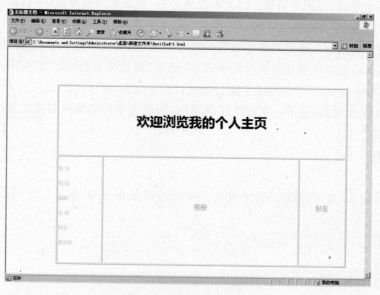

图 9-2-5 IE 浏览器中的显示效果

（2）设置标题和编码属性。

在"页面属性"对话框的左侧"分类"列表中选择"标题/编码"选项，在右侧出现的"标题"文本框中输入网页的标题，其对应的 HTML 标签是"＜title＞"；在"文档类型"下拉列表框中选择当前网页常用的类型"XHTML 1.0 Transitional"；在"编码"下拉列表框中选择编码方式，中文网站通常选择"简体中文（GB2312）"；单击"确定"按钮即完成设置。

（3）使用跟踪图像设计页面。

制作网页时，需要参照事先设计好的网页效果图。在 Dreamweaver 中，可以使用跟踪图像将网页效果图作为网页设计的指导。例如，已制作好的网页效果图，大小为 779×672。在"页面属性"对话框的左侧"分类"列表中选择"跟踪图像"可以将该图像设置为网页跟踪图像，如图 9-2-6 所示。

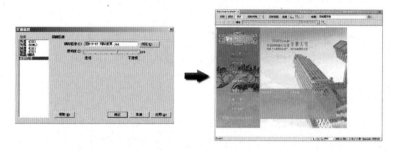

图 9-2-6　跟踪图像

4．预览网页

浏览器是一种把在互联网上的文本文档和其他类型的文件翻译成网页的软件。通过浏览器，可以快捷地连接 Internet。目前使用较广泛的浏览器主要是 Microsoft 公司的 IE 浏览器，如图 9-2-7 所示。

图 9-2-7　网页预览

5. 网页制作规范

在网页制作过程中,要求为目录和文件命名时都应遵循相应的规范,名称应能代表文件的意义,以便进行查找、修改。下面从网站目录建立规范、文件命名规范、文件头代码规范三个方面,具体介绍网页制作的规范。

(1) 网站目录建立规范。

网站目录建立的原则是以最少的层次提供最清晰简便的访问结构。网站目录一般可以设置如下结构:

· Common 文件夹放置 css、js、php、include 等公共文件。

· 每个主要栏目(或功能菜单)建立一个独立的目录,根据需要可创建 images 和 media 等子文件夹,也可分出更多下级栏目。

· images 文件夹存放不同栏目公共的图片,比如网站标识、菜单、按钮。

· Media 文件夹存放动画、音频、视频等多媒体文件。

· Temp 文件夹可以存放分类整理好的文件。

· 根目录:服务器指向的索引文件的存放目录,通常仅放入 index. htm 和 main. htm 文件。index 页可作为"桥页",实现跳转和 meta 标签,不制作具体内容;主内容可以放入 main 页。

(2) 文件命名规范。

对于初学者来说,在做网页时,给文件、文件夹命名是一件挺麻烦的事情。对文件命名时遵循的基本原则是以最少的字母达到最容易理解的意义。文件夹和文件的命名规范,主要遵循以下原则。

· 所有文件、文件夹名使用小写英文字母、数字、下划线的组合,例如,news. html, unit1_1. html 等。

· 不要使用汉字、空格和特殊字符。有些服务器无法识别这些字符,会导致文件链接出错。

· 尽量使用英文,最好有一定的意义,这样便于以后别人或自己修改。例如,名为 "Login. html"的文件,一看名称,就知道是登录页面。

对于图像文件,在命名时要遵循以下几点:

· 名称分为头部和尾部两部分,用下划线分开,尽量用英文。

· 头部表示图片的大类性质,例如,广告(banner)、标志(logo)、菜单(menu)、按钮 (button)、背景(bg)等。

· 尾部表示图片的具体含义,例如:banner_sohu. gif, menu_abouts. gif, title_ news. gif, logo_maths. jpg 等。这种命名方式一目了然,便于管理与查找。

(3) 文件头代码规范。

文件头(head)里都是一些与网页整体有关、相对独立的属性,比如网站标题属性 <title>,标识字符编码、作者、版权信息、关键字的标签<meta>等。文件头的规范化代码如下:

```
<head>
<! --The site is designed by ＊＊,inc 05/2005-->//公司版权注释
<title>TITLE</title>//网页标题
<meta http-equiv="Content-Type" content="text/html; charset=gb2312">//网页
```

显示字符集(简体中文为 gb2312,繁体中文为 big5,英文为 iso-8859-1)

<meta name="author" content="webmaster@163.com">//网页制作者信息

<meta name="description" content="*****">//网站简介

<meta name="keywords" content="**,**,**">//搜索关键字

<link href="style/style.css" rel="stylesheet" type="text/css">//网页的 css 规范

</head>

本章小结

本章通过对网站结构从设计到制作的基础分析,使读者对这一领域的工作有了初步的认识;同时对 Dreamweaver 软件的界面、站点定义、属性设置等基础知识的讲解,使读者能进行 Dreamweaver 软件的基础操作;还讲解了网站的建设和简单的维护方法。

在软件应用的基础部分,希望读者能够经常练习,真正达到熟练操作。

课后练习

1. 认真分析网站的结构特点,尝试完成一个个人网站的基础设计。

2. 根据设计的个人网站进行网站结构建设,包括基础站点建设、简单网页制作和网站维护。

Dreamweaver 与网站制作

本章主要结合网站制作对 Dreamweaver 的应用技术进行讲解。通过对技术应用的了解使读者逐渐认识到 Dreamweaver CS5 在实际应用中体现出的便捷性与实用性。

本章在 Dreamweaver 文件应用技术中对图像、多媒体与超链接进行了详细地讲解；同时在页面构建基础中对表格、框架以及 CSS 进行了专门讲解。

10.1　Dreamweaver 文件应用技术

10.1.1　创建 Dreamweaver 文档

Dreamweaver 为处理各种 Web 文档提供了灵活的环境。除了 HTML 文档以外，读者还可以创建和打开各种基于文本的文档，如 ColdFusion 标记语言（CFML）、ASP、JavaScript 和层叠样式表（CSS）。还支持源代码文件，如 Visual Basic、. NET、C♯和 Java。

Dreamweaver 为创建新文档提供了若干选项，可以创建以下任意文档：

（1）新的空白文档或模板。

（2）基于 Dreamweaver 附带的其中一个预设计页面布局（包括 30 多个基于 CSS 的页面布局）的文档。

（3）基于某现有模板的文档。

还可以设置文档首选参数。例如，如果经常使用某种文档类型，可以将其设置为创建新页面的默认文档类型。

可以在"设计"视图或"代码"视图中定义文档属性，如 meta 标签、文档标题、背景颜色和其他几种页面属性。

10.1.2　图像

在访问网页的时候，我们常常会被一些美丽的图片吸引。图像通常用于多媒体界面（例如导航按钮）、具有视觉感染力的内容（例如 Logo）或交互式设计元素（例如鼠标经过图像或图像地图），这都是网页中必不可少的元素。图像的合理使用使网页图文并茂，会使读者赏心悦目。

计算机对图像的处理也是以文件的形式进行的。由于图像编码的方法很多，因而形成了许多图像文件格式。但网页中通常使用的只有三种格式，即 GIF、JPEG 和 PNG 格式。

1. 插入图像

（1）将光标放在"编辑区"中要插入图像的位置，然后在"插入"工具栏的"常用"类别中，单击"图像"按钮。

（2）在弹出的"选择图像源文件"对话框中，浏览并选中要插入的图像，单击"确定"按钮，文档中即会出现插入的图像，如图 10-1-1 所示。

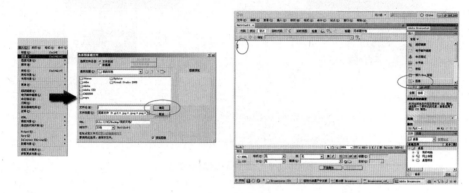

图 10-1-1　插入图像

如果当前工作的文档未保存，则 Dreamweaver 会弹出提示窗口，生成一个对图像文件的"file://引用"。将文档保存到站点中的任何位置后，Dreamweaver 会将该引用转换为文档相对路径。

2. 使用图像占位符

图像占位符是 Dreamweaver 对图像功能的补充，指在将最终图像添加到网页之前使用的替代图形进行占位设置。在对网页进行布局时经常用到这一功能，可以设置不同的颜色和文字来替代图像，如图 10-1-2 所示。

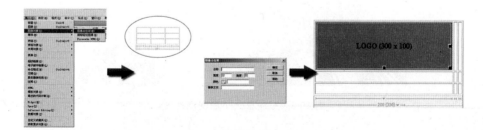

图 10-1-2　图像占位符

3. 设置图像属性

在网页中插入的图像大小、位置通常需要调整才能与网页匹配。可以通过 Dreamweaver 的"属性检查器"来设置图像的基本属性，包括调整图像的大小、对齐图像等。

插入图像默认的对齐方式是"左对齐"，可以通过"对齐"操作调整图像的位置，使图像与同一行中的文本、另一个图像、插件或其他元素对齐。具体操作步骤如下：

（1）在"编辑区"中单击选中要调整的图像，可以看出图像当前默认的对齐方式为"左对齐"。

（2）在"属性检查器"中，在"对齐"的下拉列表框中选择"右对齐"选项，也可以使用"对齐"按钮（左对齐、右对齐、居中对齐）设置图像的水平对齐方式。调整后的图像位于表格的右侧，如图10-1-3所示。

图 10-1-3　设置图像对齐方式

4. 编辑图像

Dreamweaver 具有强大的图像编辑功能，使用者无需借助外部图像编辑软件，就可以轻松实现对图像的重新取样、裁剪、调整亮度和对比度、锐化等操作，以获得网页图像显示的最佳效果。

（1）重新取样：当对网页中图像大小进行调整后，图像显示效果会发生改变，如图10-1-4 所示。

图 10-1-4　调整大小后图像对比

左边为原始图像，右边为缩小后的图像，很明显调整后图像的效果不如原图。此时，可以通过"重新取样"增加或减少图像的像素数量，使其与原始图像的外观尽可能匹配。对图像进行重新取样可以减小图像文件大小，提高下载速度，同时也会降低图像品质。

（2）裁剪：在 Dreamweaver CS5 中，读者不再需要借助外部图像编辑软件，利用 Dreamweaver 的"裁剪"功能，就可以将图像中多余的部分删除，突出图像的主题。例如，在制作网页的栏目时，发现插入的图片大小不一，很不美观，需要将图片中多余部分删除。可以进行如下操作：

在"编辑区"中单击选中要裁剪的图像，在"属性检查器"中单击"裁剪"按钮，此时图像上会出现 8 个调整大小手柄，阴影区域为要删除的部分。拖动调整手柄，将图像的保留区域调整到合适大小，单击"裁剪"按钮或双击图像保留区域，如图 10-1-5 所示。

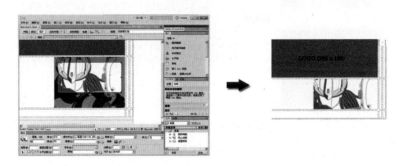

图 10-1-5　图像裁剪

（3）亮度和对比度：在 Dreamweaver 中，可以通过"亮度和对比度"按钮调整网页中过亮或过暗的图像，使图像整体色调一致。

（4）锐化：Dreamweaver 的"锐化"功能与 Photoshop 相似，是通过提高图像边缘部分的对比度，从而使图像边界更清晰。在"编辑区"中单击选中要编辑的图像，在"属性检查器"中单击"锐化"按钮，在弹出的"锐化"对话框中，分别拖动滑块左右调节或在相应文本框中输入 0～10 之间的数值，直到达到满意效果，单击"确定"按钮，如图10-1-6所示。

图 10-1-6　亮度、对比度和锐化

5. 设置鼠标经过效果

（1）Alt 属性的使用：网页中的某些图像代表特定的意义，有时需要为网页中的图像添加说明性文字，这时就会用到图像的 Alt 属性来设置图像的替换文本。这样当鼠标放置在图像上时，就会显示指定的说明性文字。

（2）创建鼠标经过图像：是指当鼠标指针移动到图像上时会显示预先设置好的另一幅图像，当鼠标指针移开时，又会恢复为第一幅图像。在制作网页中的按钮、广告时，经常会用到这种效果。首先将光标放在"编辑区"中，单击"插入"工具栏→"图像"→"鼠标经过图像"按钮，在弹出的对话框中填写图像名称、添加原始图像、添加鼠标经过图像、输入需要替换的文本和添加 URL 等，如图 10-1-7 所示。

图 10-1-7 中上图为页面载入时显示的图像，下图为鼠标经过时显示的图像。它实际上是由两幅图像组成，即原始图像和替换图像。在制作鼠标经过图像时，应保证两幅图像大小一致。

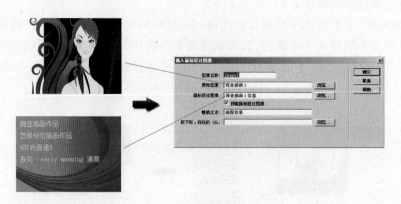

图 10-1-7   鼠标经过图像

10.1.3   多媒体应用

随着多媒体技术的发展,网页已有原先单一的图片、文字内容发展为多种媒体集合的表现形式。在网页中应用多媒体技术,如音频、视频、Flash 动画等内容,可以增强网页的表现效果,使网页更生动,激发访问者兴趣。

1. 添加声音

在浏览音乐网站时经常看到一些网站上提供音频播放器,可以在线欣赏音乐。在 Dreamweaver CS5 中提供了专门的插件可以实现此功能。在网页中添加声音有两种方式:一是插入音频,读者可以通过播放器控制音频;二是添加背景音乐,在加载页面时自动播放音频。

在网页中插入音频时,考虑到下载速度、声音效果等因素,一般采用 RM 或 MP3 格式的音频。在网页中插入音频后,系统自动生成默认的播放器。

添加背景音乐,就是在加载页面时,自动播放预先设置的音频,可以预先设定播放一次或重复播放等属性。

2. 插入视频

常见的视频格式有 WMV、AVI、MPG、RMVB 等,Dreamweaver 会根据插入视频格式不同,选用不同的播放器,默认的播放器是 Windows Media Player。

3. 插入 Flash

Flash 是网上流行的矢量动画技术,近几年很多站点都采用了 Flash 技术,把传统网页无法做到的效果准确表现出来,如使用 Flash 制作的导航条、按钮动感十足,增强了网页的吸引力。Dreamweaver 中提供的 Flash 元素主要包括 Flash 动画、Flash Paper、Flash 视频,以及内建的 Flash 按钮和 Flash 文本。

Flash 动画中的元素都是矢量的,任意放大都不会降低画面质量。此外,Flash 动画文件较小,适合在网络上使用。Flash 动画的扩展名为".swf"。

4. 插入 Flash 视频

Flash 视频是一种新的流媒体视频格式,其文件扩展名为".flv"。Flash 视频文件小、加载速度快,它的出现有效地解决了视频文件导入 Flash 后,使导出的 SWF 文件体积庞大,不能在网络上很好使用等问题。网站的访问者只要能看 Flash 动画,就能看

FLV 格式视频,无需再额外安装其他视频插件,使得在网络上观看视频文件成为可能。

5. 插入 Shockwave 动画

Shockwave 是 Adobe 公司开发的标准的网络交互多媒体的压缩文件格式。Shockwave 提供了强大的、可扩展的脚本引擎,使得它可以制作聊天室、操作 html、解析 xml 文档、控制矢量图形。Shockwave 动画用 Director 制作,文件扩展名是". dcr"。同 Flash 一样,播放 Shockwave 动画,需要安装播放器插件。从 Adobe 网站上即可下载 Adobe Shockwave Player。

10. 1. 4 超链接

在网页设计中,超链接的应用非常广泛,熟练地应用超链接是设计网页的基本要求。超链接是网页中最吸引人的部分,网页之所以如此受到人们的欢迎,很大程度上是由于在网页中使用了大量的超链接。

超链接是指从一个对象指向另一个对象的指针,它可以是网页中的一段文字、一张图片,甚至可以是图片中的某一部分。它允许我们同其他网页、站点、图片、文件等进行链接,从而使许多地方的信息构成一个有机的整体。

根据链接方式的不同,超链接可分为:绝对路径链接和相对路径链接;根据链接对象的不同,超链接又可分为:超文本链接、命名锚链接、图像链接、电子邮件链接、热区链接等。

相对路径与绝对路径作为超链接的两种基本链接方式是十分重要的,也是容易混淆的。要想熟练运用超链接,我们首先需要弄清相对路径和绝对路径的区别。

·绝对路径是指明目标端点所在具体位置的完整 URL 地址的路径。

·相对路径是指明目标端点与源端点之间相对位置关系的路径。

1. 超文本链接

超文本链接是最普通、最简单的一种超链接。在 Dreamweaver 中根据链接目标的不同,超文本链接可以分为与本地网页文档的链接、与外部网页的链接、空链接等几种类型。

(1) 与本地网页文档的链接,是最常见的超文本链接类型。通过创建与文档的链接,可以将本地站点的一个个单独的文档连接起来,形成网站。

(2) 与外部网页的链接具体操作步骤如下:

选中要创建链接的文本,在"属性检查器"的"链接"文本框中直接输入 URL 地址,如,"www. ××××. edu. cn",在"目标"下拉列表框中选择"_blank",如图 10-1-8 所示。

图 10-1-8 创建超文本链接

保存文件,在浏览器中预览时,单击文本"超文本链接",就会在新窗口中打开超文本链接的主页。

(3) 空链接,是指未指定目标文档的链接。使用空链接可以为页面上的对象或文本附加行为。具体操作步骤如下:

选中要创建链接的文本,在"属性检查器"的"链接"文本框中直接输入"♯"。保存文件,在浏览器中预览时,链接文本显示为超文本链接的样式,单击后不会跳转到别的页面。

2. 命名锚链接

当用户浏览一个内容较多的网页时,查找信息会浪费大量的时间。在这种情况下,可以在网页中创建锚链接,放在页面顶部作为书签。"锚"实质上就是在文件中命名的位置或文本范围,锚链接起到的作用就是在文档中定位。单击锚链接,就会跳转到页面中指定的位置。

3. 电子邮件链接

电子邮件链接是一种特殊的链接,在网页中单击这种链接,不是跳转到其他网页中,而是会自动启动电脑中的 Outlook Express 或其他 E-mail 程序,允许书写电子邮件,并发送到指定的地址,如图 10-1-9 所示。

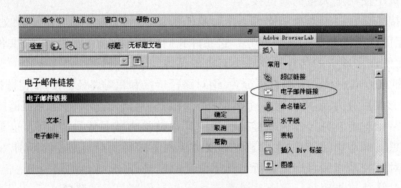

图 10-1-9　电子邮件链接

4. 图像及热区链接

在 Dreamweaver 中,除了可以给文本添加超链接,还可以给图像添加超链接。图像的超链接包括为整张图像创建超链接和在图像上创建热区两种方式。

(1)为整张图像创建超链接。这种应用方式很普遍,在网页中经常会用到。当鼠标移到设置了链接的图像上时,会变成"手型",单击图像,会跳转到指定的页面。

(2)创建热区。在 Dreamweaver 中,除了为整张图像创建超链接外,还可以在一张图像上创建多个链接区域,这些区域可以是矩形、圆形或多边形。这些链接区域就叫热区。单击图像上的热区时,就会跳转到热区所链接的页面上,如图 10-1-10 所示。

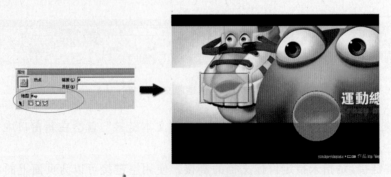

图 10-1-10　创建热区

10.2　页面构建基础

10.2.1　表格

表格(Table)在网页制作中是一个非常重要的概念,它是由不同的行、列、单元格组成的一种能够有效描述信息的组织方式。表格在网页中使用非常普遍,使用表格进行布局,规划网页中的各种元素,会得到非常好的效果。

1. 表格的操作基础

(1)表格的组成。

表格通常由标题、行、列、单元格、边框几部分组成,如图 10-2-1 所示,是一个 3 行 3 列,边框粗细为 2 像素的表格。其中,标题位于表格第一行,用来说明表格的主题;表格中的每一个格就是单元格;水平方向的一系列单元格组合在一起就是行;垂直方向的一系列单元格组合在一起就是列;边框是分隔单元格的线框。

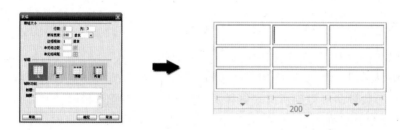

图 10-2-1　表格

(2)插入表格。

Dreamweaver 提供了多种插入表格的方法,单击"插入"工具栏→"常用"→"表格"按钮,在弹出的"表格"对话框中可以插入表格,以及设置表格参数。

(3)选择表格。

对插入的表格进行编辑之前,首先选择表格要编辑的区域,可以选择整个表格、一行、一列、连续或不连续的多个单元格。

(4)添加或删除表格的行和列。

在表格中添加行或列是表格经常用到的基本操作之一。

(5)单元格的拆分与合并。

在应用表格时,有时需要对单元格进行拆分与合并。实际上,不规则的表格是由规则的表格拆分合并而成。拆分是指将一个单元格拆分为多个单元格,合并是指将多个连续的单元格合并成一个单元格,如图 10-2-2 所示。

2. 在表格中添加内容

表格建立后,可以在表格中添加内容,如表格、文本、图像等网页元素。

(1)在表格中插入图像。

· 在"编辑区"中,将光标移至要插入图像的单元格中。

· 单击"插入"工具栏→"常用"→"图像"按钮,在弹出的"选择图像源文件"对话框

中,浏览并选中要插入的图像,单击"确定"按钮,表格中即会出现插入的图像,如图
10-2-3所示。

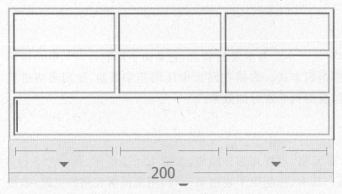 

图 10-2-2　拆分与合并单元格　　　　　　　图 10-2-3　插入图像

(2) 在表格中插入表格。

在表格中插入新的表格,称为表格的嵌套,用这种方式可以创建出复杂的表格,是
网页布局常用的方法之一。

·在"编辑区"中,将光标移到要插入表格的单元格中。

·单击"插入"工具栏→"常用"→"表格"按钮,在弹出的"表格"对话框中,输入所需
表格行与列的数量即可得到所需表格样式,与插入新表格操作相同。

(3) 在表格中添加文本。

将光标移至要添加文本的单元格中,直接在单元格中输入文字,或通过其他文档采
用复制粘贴的方法将文字添加到单元格中。

3. 表格属性

利用属性检查器对表格属性进行设置,可以美化表格,实现网页布局所需要的效
果。属性设置包括两部分,一是整个表格的属性设置,如表格的大小、边框、对齐方式、
背景等;二是单元格的属性设置,如单元格的大小、对齐方式、边框、背景等,如图10-2-4
所示。

图 10-2-4　表格属性和单元格属性

在整个表格属性设置中可以设置表格外观,设置背景图像,进行表格宽度转换等。

在单元格属性设置中可以设置单元格对齐方式、标题、换行,设置单元格颜色等。

10.2.2 框架

框架是网页中常使用的效果。使用框架,可以在同一浏览窗口中显示多个不同的文件。最常见的用法是将窗口的左侧或上侧的区域设置为目录区,用于显示文件的目录或导航条,而将右侧一块面积较大的区域设置为页面的主体区域。通过在文件目录和文件内容之间建立的超链接,用户单击目录区中的文件目录,文件内容将在主体区域内显示,这种方法便于用户继续浏览其他的网页文件。

1. 框架的基本概念

框架实际上是一种特殊的网页,它可以根据需要把浏览器窗口划分为多个区域,每个框架区域都是一个单独的网页。

框架(Frames)由框架集(Frameset)和单个框架(Frame)两部分组成。框架集是一个定义框架结构的网页,它包括网页内框架的数量、每个框架的大小、框架内网页的来源和框架的其他属性等。单个框架包含在框架集中,是框架集的一部分,每个框架中都放置一个内容网页,组合起来就是浏览者看到的框架式网页。

在网页中使用框架具有以下优点:

(1) 网页结构清晰,易于维护和更新。

(2) 访问者的浏览器不需要为每个页面重新加载与导航相关的页面。

(3) 每个框架网页都具有独立的滚动条,因此访问者可以独立控制各个页面。

然而,在网页中使用框架也有一些缺点:

(1) 某些早期的浏览器不支持框架结构的网页。

(2) 下载框架式网页速度慢。

(3) 不利于内容较多、结构复杂页面的排版。

(4) 大多数的搜索引擎都无法识别网页中的框架,或者无法对框架中的内容进行搜索。

2. 框架的使用

下面来学习如何创建框架和框架集,以及框架的基本操作、属性设置等。

(1) 创建框架和框架集。

Dreamweaver 提供了框架类型,分别是"上方固定"、"上方固定,下方固定"、"上方固定,右侧嵌套"、"下方固定"、"下方固定,左侧嵌套"、"垂直拆分"、"水平拆分"等。可以使用"新建文档"的方式创建空白框架网页,也可以将普通网页转变为框架结构,图10-2-5所示为创建空白框架网页,图 10-2-6 所示为将现有文档转变为框架网页。

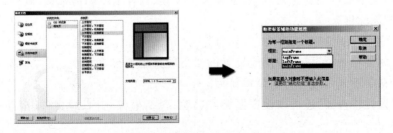

图 10-2-5　创建空白框架网页

203

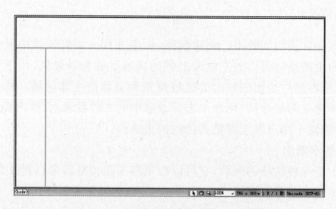

图 10-2-6 将现有文档转变为框架网页

（2）框架的嵌套。

框架的嵌套是指一个框架集套在另一个框架集内。"上方固定，左侧嵌套"实际上就是一个嵌套的框架集，是在上下结构的框架集中嵌套一个左右结构的框架集。在一个上下结构的框架集中要形成"上方固定，左侧嵌套"的框架集，可执行下面的操作：

• 将鼠标移至要创建嵌套框架集的框架内。

• 单击"插入"工具栏→"HTML"→"框架"→"左对齐"命令菜单，新插入一个框架集，嵌套框架集就制作完成，如图 10-2-7 所示。

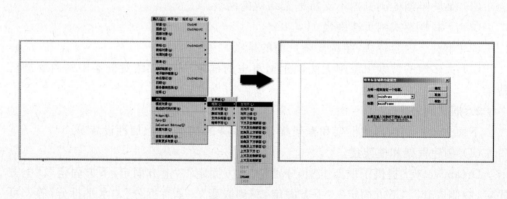

图 10-2-7 嵌套框架

（3）框架的基本操作。

框架的基本操作主要包括：选取框架和框架集、保存框架和框架集、调整框架大小、拆分框架和删除框架等。

（4）设置框架集和框架属性

使用"属性检查器"可以方便地设置框架集的边框宽度和颜色、设置框架行和列的大小，对于初学者来说这种方法简单易用。

利用"属性检查器"还可以设置框架的属性，包括框架名称、源文件、滚动条、边框、边界等。

10.2.3　CSS

通过 CSS 可以使用更丰富、更灵活的样式，更简单地设计出更美观的网页，同时，也让网页的设计与维护更有效率。CSS 在网页设计中的作用非常重要，是网页设计师必须掌握的知识。

1. 了解 CSS

对于初学网页设计的人来说，CSS 看起来有些陌生。下面就来了解什么是 CSS，CSS 有哪些优势。

CSS 是"Cascading Styles Sheets"的缩写，中文名称是层叠样式表，是一种用于控制网页样式并允许将样式与网页内容分离的标记性语言。CSS 可将网页的内容与表现形式分开，使网页的外观设计从网页内容中独立出来单独管理。要改变网页的外观时，只需更改 CSS 样式。

CSS 作为当前网页设计中的热门技术，具有以下优势：

（1）符合 Web 标准。W3C 组织创建的 CSS 技术将替代 HTML 的表格、font 标签、frames 以及其他用于表现的 HTML 元素。

（2）提高页面浏览速度。使用 CSS，与传统的设计方法比起来，至少使文件大小减少 50% 以上。

（3）缩短网页改版时间。只要修改相应的 CSS 文件，就可以重新设计和更新一个有成百上千页面的站点。

（4）强大的字体控制和排版能力。CSS 控制字体的能力比 font 标签强大很多。有了 CSS，我们不再需要用 font 标签来控制标题，改变字体颜色、字体样式等。

（5）易于编写。Dreamweaver 也提供了相应的辅助工具。

（6）有很好的兼容性，只要是可以识别 CSS 样式的浏览器都可以应用它。

（7）表现形式和内容分离。CSS 将设计部分剥离出来放在一个独立样式文件中，让多个网页文件共同使用它，省去在每一个网页文件中都要重复设定样式的麻烦。

2. CSS 的基本语法

CSS 的样式规则由两部分组成：选择器和声明。选择器是指样式的名称，包括自定义的类，HTML 标签和 CSS 选择器（高级样式）。

（1）自定义的类（也称为"类样式"）：可以将样式属性应用到任何文本范围或文本块。所有类样式均以句点（.）开头。例如，可以创建名称为 .red 的类样式，设置其 color 属性为红色，然后将该样式应用到一部分已定义样式的段落文本中。

（2）HTML 标签：可以重定义特定标签（如 p 或 h1）的格式。创建或更改 h1 标签的 CSS 规则时，所有用 h1 标签设置了格式的文本都会立即更新。

（3）CSS 选择器（高级样式）：可以重定义特定元素组合的格式，或其他 CSS 允许的选择器形式的格式。

声明是指括号里面的属性。

3. CSS 的应用方式

CSS 的应用方式有两种——外部 CSS 样式表和内部 CSS 样式表。

（1）外部 CSS 样式表：以扩展名为 .css 的文件而存在，文件中内容即是所有样式的选择和声明。该文件可作为共享文件，让多个文档共同引用并应用，使站点文件样式一致。同时，如果修改该样式表文件，所有引用的文档都将改变其样式，达到网站迅速改版的目的。

（2）内部 CSS 样式表：只存在于当前文档中，并只针对当前页进行样式应用。一般存在于文档 head 部分的 style 标签内。

4．使用 CSS 面板

利用 CSS 面板，可以轻松创建和管理 CSS 规则。在 CSS 面板中的基本操作，包括全部模式与当前模式的切换、移动 CSS 规则、删除 CSS 规则、重命名类等。在 Dreamweaver 中，单击"窗口"→"CSS 样式"命令菜单，可打开 CSS 面板，如图 10-2-8 所示。

按 Shift＋F11 键，也可以展开 CSS 面板，若再按 Shift＋F11 键，则将 CSS 面板隐藏。

CSS 面板默认情况下，以"全部"模式展开。在"全部"模式下，CSS 面板显示应用到当前文档的所有 CSS 规则。单击其中一个规则，该规则的属性出现在下方的列表框中，默认情况下属性以"类别视图"排列，如图 10-2-9 所示。

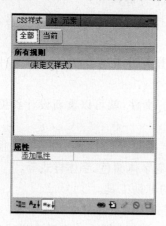

图 10-2-8　CSS 面板

图 10-2-9　显示类别视图

在 CSS 面板中，单击"显示列表视图"按钮，属性以"列表视图"排列，如图10-2-10所示。

在 CSS 面板中，单击"只显示设置属性"按钮，属性只显示已设置的属性，如图10-2-11所示。

图 10-2-10　显示列表视图

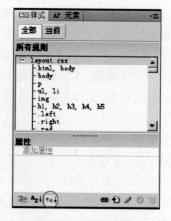

图 10-2-11　显示设置属性

在 CSS 面板中，单击"当前"按钮，可以切换到"当前"模式，在"当前"模式中，CSS 面板显示当前所选内容的属性摘要，如图 10-2-12 所示。

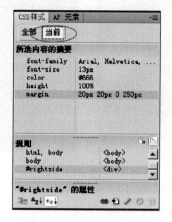

图 10-2-12   "当前"模式

在 CSS 面板中，右击要操作的规则，在弹出的菜单中可以执行重命名类、移动 CSS 规则、删除 CSS 规则等基本操作，如图 10-2-13 所示。

图 10-2-13   重命名类的操作

10.3   Dreamweaver 网站应用技巧

用好与 Dreamweaver 相关联的软件，是很重要的网站应用技巧。Dreamweaver、Fireworks、Photoshop 和 Flash 都是 Adobe 公司的产品，它们之间具有强大的兼容性，它们的无缝结合大大减少了网页设计者进行软件切换的时间，使网页图像处理和网页制作的效率得到了有效提高。

1. 使用 Fireworks 制作网页图片的切片

打开需要进行切片的网页图片（此时的图片仅仅是一张设计好的图片，还不能称之为网页），对图片的层次进行总体分析。如图 10-3-1 左侧所示的图片是左右结构，左侧可以分为三个部分，右侧可以分为两个部分。选择"切片工具"对图片进行第一次总体切割,切完后的效果如图 10-3-1 右侧所示。

图 10-3-1　第一次总体切割

接着,可以对图片进行更细致切割。图片切割得越小,网络传输速度就越快,可以减少用户等待的时间,能使网站的好感度大大增加。结合 10-3-1 左侧的图片进行分析,图片左侧的结构还可以细化,切出导航条的部分;右侧有文字的地方不要将它切断,可以切成 4 份,最终效果如图 10-3-2 所示。

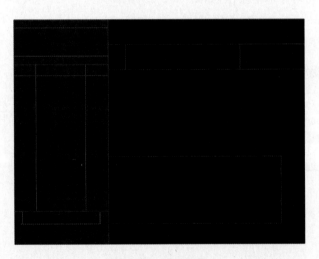

图 10-3-2　细致切割

2. 将 Fireworks 文件导出到 Dreamweaver 库

对图片进行切割完成后,选择所有切好的图片,进行导出。

在 Fireworks 中可以将图片源文件直接导出到 Dreamweaver 的库中,方便在制作网页时调用。这样就省去了在不同软件之间切换的麻烦,如图 10-3-3 所示。

3. 在 Dreamweaver 中编辑 Fireworks HTML

由 Fireworks 创建的 HTML 文档,如弹出菜单、热区、切片等,与 Dreamweaver 可以很好兼容。下面以弹出菜单为例,来学习如何在 Fireworks 中创建弹出菜单,在 Dreamweaver 中插入和更新 Fireworks 生成的 HTML 文档。

(1)在 Fireworks 中创建弹出菜单。

在 Fireworks 中可以直接创建应用在网页上的弹出菜单,方法如下:

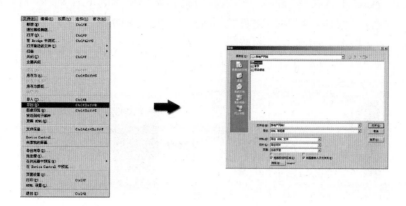

图 10-3-3 在 Fireworks 导出文件

· 选择要弹出菜单的触发区域（切片区）。

· 单击"修改"→"弹出菜单"命令，在"弹出菜单编辑器"中选择"内容"选项卡，单击"＋"按钮以添加菜单，如图 10-3-4 所示。

图 10-3-4 弹出菜单编辑器

· 双击每个单元格，输入或选择适当的文本、链接和目标信息。在"链接"和"目标"字段中，可输入自定义信息或从显示的菜单中选择。在窗口中的最后一行输入内容后，会在该行的下面增加一个空行。

· 重复执行步骤 b 和 c，直到添加完所有菜单项。若要删除菜单项，可单击"－"按钮删除菜单。

· 单击"完成"按钮。

（2）在 Dreamweaver 中插入 Fireworks HTML。

将 Fireworks 中制作完成的弹出菜单插入到 Dreamweaver 中，具体操作如下：

· 将文档在 Fireworks 中导出为 HTML 格式。

· 在 Dreamweaver 中，将文档保存到已定义的站点中。

· 将插入点置于文档中开始插入 HTML 代码的位置。

· 单击"插入"工具栏→"常用"→"图像"按钮，选择所需的 Fireworks HTML。

· 单击"确定"按钮，HTML 文件的代码以及与它相关的图像、切片一起插入到 Dreamweaver 文档中。如图 10-3-5 所示。

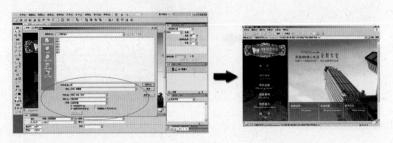

图 10-3-5　Dreamweaver 中插入 FireworksHTML

4. 在 **Dreamweaver** 中插入 **Photoshop** 图像

在 Dreamweaver 中可以直接插入 Photoshop 的源文件，也就是".psd"格式的图像，系统会自动生成相应的 Web 图像，如图 10-3-6 所示。

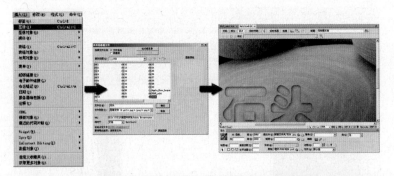

图 10-3-6　Dreamweaver 中插入 Photoshop 图像

5. 将 **Photoshop** 选区复制到 **Dreamweaver** 网页中

Photoshop 选区也可以直接复制到 Dreamweaver 网页中，如图 10-3-7 所示。

图 10-3-7　将 Photoshop 选区复制到 Dreamweaver 网页中

6. 使用 Photoshop 制作切片

Photoshop 也具有切片功能，并能够方便地导出切片以及包含切片的 HTML 文件。利用这种方法可以快速生成网页。具体操作如下：

a. 选择"✄"切片工具。

b. 在选项栏中选择样式，包括正常、固定长宽比和固定大小三种。

c. 在要创建切片的区域上拖动。按住 Shift 键并拖动可将切片限制为正方形，按住 Alt 键拖动可从中心绘制。单击"视图"→"对齐"命令，使新切片与参考线或图像中的另一切片对齐。如图 10-3-8 所示。

图 10-3-8　Photoshop 使用切片工具

7. 在 Dreamweaver 中编辑 Flash 影片

在 Dreamweaver 中可以直接编辑 Flash 文件的源文件，并保存所做的修改和自动发布修改过的影片。将静态网页与 Flash 影片结合可以使网站变得更时尚动感。

10.4　Dreamweaver 中的模板应用

在建设一个大型网站时，通常需要制作很多页面，而且还要保证这些页面的风格统一。为了提高网站建设与更新的工作效率，避免重复操作，就要用到 Dreamweaver 中的模板。

10.4.1　模板概述

图 10-4-1 是一个应用模板的网页实例，网页中的可编辑区域用蓝色边框标识。只需要修改可编辑区域的内容，就可以制作出一系列风格统一的网页，这就是模板的好处。

图 10-4-1 应用模板的网页实例

模板的最大作用就是用来创建有统一风格的网页。模板与基于该模板的网页文件之间保持连接状态，对于相同的内容可保证完全的一致，省去了重复操作的麻烦，提高了工作效率。模板是一种特殊类型的文件，文件扩展名为".dwt"。在设计网页时，可以将网页的公共部分放到模板中，更新公共部分时，只需要更改模板，所有应用该模板的页面都会随之改变。在模板中可以创建可编辑区域，应用模板的页面只能对可编辑区域内进行编辑，而可编辑区域外的部分只能在模板中编辑。

10.4.2 模板的应用

可以根据需要，直接创建空白模板，或将已有文档转换为模板。

1. 创建空白模板

单击"文件"→"新建"命令，在"新建文档"对话框中，选择"空模板"类别，从"模板类型"列中选择要创建的页面类型。例如，选择 HTML 模板来创建一个纯 HTML 模板，选择 ColdFusion 模板来创建一个 ColdFusion 模板等。

（1）如果希望新页面包含 CSS 布局，可以从"布局"列中选择一个预设计的 CSS 布局；否则，选择"无"。在对话框的右侧会实时显示选定布局的预览和说明。

（2）从"文档类型"下拉列表中选择文档类型。一般情况下，使用默认选择，即 XHTML1.0Transitional。

（3）如果在"布局"列中选择了 CSS 布局，则从"布局 CSS 位置"下拉列表中为布局的 CSS 选择一个位置。

（4）创建页面时，还可以将 CSS 样式表附加到新页面（与 CSS 布局无关）。单击"附加 CSS 文件"窗格上方的"附加样式表"图标并选择一个 CSS 样式表。

单击"创建"按钮完成新模板创建。单击"文件"→"保存"命令，将该模板保存在站点的 Templates 文件夹中，如图 10-4-2 所示。

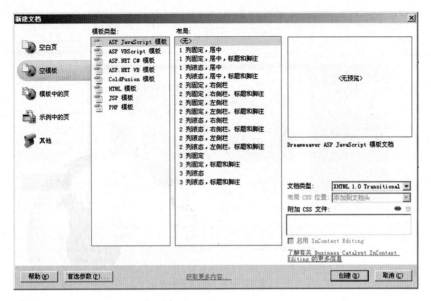

图 10-4-2　创建空白模板

新建、打开的模板页面和普通的网页没什么两样,同样可以加入表格、层、图片、动画、脚本、设置页面属性等。准确地说它只是一个没有可编辑区域的"准模板",下面再设定可编辑区域。

设定模板可编辑区域,一般来说有两种方法。

(1) 新建可编辑区域:单击"修改"→"模板"→"新建可编辑区域"命令,在某一空白区域中单击后执行该命令即可将该区域变为可编辑区域。

(2) 标记某一区域为可编辑区域:单击"修改"→"模板"→"令属性可编辑"命令,如果某区域已经有一些文字,并且希望在以后新建的超文本文件中部分保留其内容,先选中该区域再执行标记命令即可。

2. 将模板应用于现有文档

除了在"新建文档"中创建空白模板,Dreamweaver 中还可以将模板应用于现有文档。

打开要应用模板的文档,在"资源"面板("窗口"→"资源")中,选择面板左侧的"模板"类别,如图 10-4-3 所示。

然后,可以进行下列操作之一:

(1) 将要应用的模板从"资源"面板拖到"文档"窗口。

(2) 选择要应用的模板,然后单击"资源"面板底部的"应用"按钮。如果文档中存在不能自动指定到模板区域的内容,将出现"不一致的区域名称"对话框。

将模板应用于现有文档时,该模板将用其标准化内容替换文档内容。因此将模板应用于页面之前,始终要备份页面的内容。应用完模板后效果如图 10-4-4 所示。

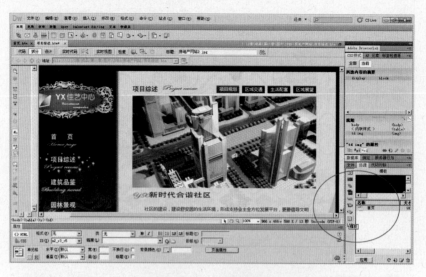

图 10-4-3　模板类别

图 10-4-4　将模板应用于现有文档

3. 更新应用模板的文档

当模板中的内容发生改变时,可以通过"更新页面"功能,更新所有应用模板的文档,修改模板后,Dreamweaver 会提示进行更新基于该模板的文档。设计者可以根据需要手动更新当前文档或整个站点,手动更新基于模板的文档与重新应用模板操作步骤相同。

要将模板更改应用于当前基于模板的文档,打开文档,单击"修改"→"模板"→"更新当前页"命令,Dreamweaver 将基于模板的更改更新该文档。

4. 从模板中分离

应用模板的页面,可以通过"从模板中分离"功能,转化为普通 HTML 页面,并且保留网页中原内容。还是以上述网页为例,打开想要分离的基于模板的文档,单击"修改"→"模板"→"从模板中分离"命令。文档被从模板分离,所有模板代码都被删除,如图 10-4-5 所示。

5. 嵌套模板的应用

嵌套模板实际上就是基于一个模板创建的模板,它对基础模板的可编辑区域有继承性,可以在基础模板的可编辑区域中创建新的可编辑区域。在"插入"栏的"常用"类别中,单击"模板"按钮上的箭头,在下拉列表中选择"创建嵌套模板",如图 10-4-6 所示。

图 10-4-5　从模板中分离

图 10-4-6　创建嵌套模板

10.5　企业网站制作

企业网站通常具有统一的风格,一般包括企业标志、导航条、主要内容、版权声明几部分。这类网站主要用于展示公司形象,介绍企业的业务范围、产品特色及联系方法等,功能比较简单,大多采用静态的 HTML 页面。

1. 设计图分析

图 10-5-1 是一家房地产企业的网站的网页设计图。

从图中可以看到,左侧为公共区域,设计为显示企业标志、导航以及联系方式,右侧为内容区域,显示公司经营内容。这里采用传统的表格布局的方法,制作出页面公共的部分,将内容区域设为可编辑区域,然后应用模板,制作出各个栏目的页面。

2. 布局分析

在拿到设计图时,要首先分析网页的布局结构,考虑如何通过表格实现该布局,了解各组成部分的尺寸大小。

该网页采用的是常见的分栏式结构,页面整体大小为 780×700 像素。其中页面顶部可以留出辅助菜单栏区域;左侧内容区域宽为 325 像素,可以将其分为两个部分,分

215

别放置企业标志和导航条；右侧内容区域宽为 455 像素；页面底部版权信息区域高为 80 像素，如图 10-5-2 所示。

图 10-5-1　企业网站首页

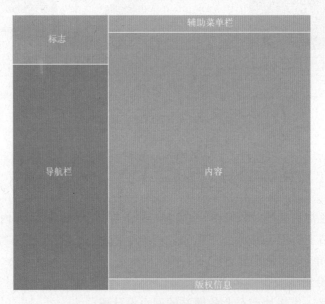

图 10-5-2　企业网站布局

3. 配色分析

　　网站基本色彩选用的是较为稳重的蓝色与黑色，右侧内容中以蓝色天空为背景的建筑效果象征华丽与自然的结合，左侧导航栏中黑色的运用起到了平衡画面色彩的效果，同时再加一些细微的金色进行点缀，使画面效果更加丰富。

　　导航文字采用与背景反差较大的白色，可以使用户在上网过程中更加有效地使用网站导航。在文字的下方设计师选择了比较符合西式古典设计风格的文字字体来体现项目的华丽，如图 10-5-3 所示。

图 10-5-3 配色分析

读者在进行设计制作时可以对本设计方案的图片文件进行色彩提取。需要从设计图稿中提取右侧内容区域、底部版权区域以及主要字体的颜色取值。

4. 在 Fireworks 中制作切片

在完成设计文件的制作后，需要针对网页，制作切片。

利用 Fireworks 的"切片"功能，可以将页面中所需要的图像从设计图稿中提取出来，并导出为适合在网页上使用的图像格式（切片的过程可以参考前面的内容），如图 10-5-4 所示。

图 10-5-4 在 Fireworks 中制作切片

5. 将图像切片导出

在切片导出的过程中，需要遵循的原则是：颜色较少且变化不大的切片最好导出为 GIF 格式的图像，这样可以使图像尺寸较小；颜色较丰富的切片最好导出为 JPEG 格式的图像,这样能较好地保留色彩信息。在本实例中,导出为 JPEG 格式。在导出的过程中,需要针对网站建设的站点地址进行导出设置,如图 10-5-5 所示。

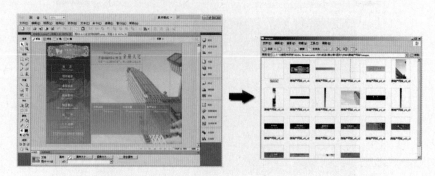

图 10-5-5　导出图像切片

6. 在 Dreamweaver 中制作网页

现在就到了在 Dreamweaver 中制作网页环节。主要包括定义站点、制作表格、在表格中插入图像和文字、设置超链接、应用模板等几个步骤,下面就来逐步介绍。

(1) 定义站点。

打开 Dreamweaver,单击"站点"→"新建站点"命令,在"站点设置对象"对话框"高级设置"选项卡中,"站点名称"文本框中输入"名称";"本地根文件夹"文本框中输入"地址";"默认图像文件夹"文本框中输入"图像文件地址",单击"保存"按钮,如图10-5-6所示。

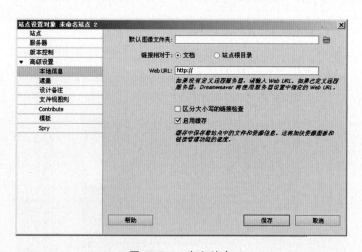

图 10-5-6　定义站点

在"文件"面板中,文件夹及所包含的文件都已导入到本地站点中。

(2) 制作表格。

单击"文件"→"保存"命令菜单,将新建的文档保存为"index. html"。在文档"index. html"中,单击"查看"→"表格模式"→"扩展表格模式"命令菜单,进入扩展表格模式。

单击"插入"工具栏→"布局"→"表格"按钮,在弹出的"表格"对话框中,设置表格的行列,单击"确定"按钮。选中表格,切换至代码视图,可以设置表格高度,单位是像素。
还可以对表格进行拆分、合并等操作。制作完成的表格如图 10-5-7 所示。

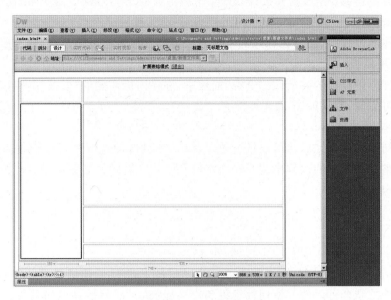

图 10-5-7　制作表格

(3) 在表格中添加内容。

在设置好的表格中添加设计好的相关内容,如图 10-5-8 所示。

图 10-5-8　在表格中添加内容

7. 设置超链接

对网页进行超链接设置,需要先对要进行相互链接的页面进行切片和文件导出。
在设定超链接的过程中首先需要确定链接区域的位置。以导航栏为例,需要针对导航栏中指定信息进行文件位置的确定与网页链接。在此类网站中,链接的相关文件因为事先已经设计完成,所以主要采取相对链接的方式。

在设置超链接之前,新建 4 个文档,分别将其命名为"aboutus. html"、"solution. html"、"portfolio. html"、"contacts. html"。

在制作的过程中,部分设计好的字体效果可以直接转换成图片,以便于用户浏览。

8. 应用模板

打开要应用模板的文档,在"资源"面板中,选择面板左侧的"模板"类别,单击"应用模板",即可完成,效果如图 10-4-4 所示。

9. 测试网站整体效果

网站初期的制作完成后可以进行效果测试,在测试的过程中可以根据需要进行部分效果调整。在调整的过程中需要对文字以及图片之间的原始关系进行严格的位置以及尺寸设定。

本章小结

本章结合网站建设对 Dreamweaver 的应用技术进行了详细讲解。Dreamweaver 与其他软件的结合可以使其使用效率得到很大提高,也能使网站效果更加出彩。模板的应用对网站建设至关重要,本章对此也做了详细讲解。要用好模板,还需要进行反复练习以达到熟练操作和使用。

课后练习

1. 上机练习模板的应用技术,可以从网络上下载开源的模板进行尝试。
2. 按照教师的指导要求进行企业网站建设,建设一个完整的企业网站。

后 记

在这个绚丽多彩的夏天，终于迎来了数字媒体技术应用专业系列教材即将出版的日子。

早在 2009 年，我就与 Adobe 公司和 Autodesk 公司等数字媒体领域的国际企业中国区领导人就数字媒体技术在职业教育教学中的应用进行过探讨，并希望有机会推动职业教育相关专业的发展。2010 年，教育部《中等职业教育专业目录》中将数字媒体技术应用专业作为新兴专业纳入中职信息技术类专业之中。2010 年 11 月 18 日，教育部职业教育与成人教育司（以下简称"教育部职成教司"）同康智达数字技术（北京）有限公司就合作开展"数字媒体技能教学示范项目试点"举行了签约仪式，教育部职成教司刘建同副司长代表职成教司签署合作协议。同时，该项目也获得了包括高等教育出版社等各级各界关心和支持职业教育发展的单位和有识之士的大力协助。经过半年多的实地考察，"数字媒体技能教学示范项目试点"的授牌仪式于 2011 年 3 月 31 日顺利举行，教育部职成教司刘杰处长向试点学校授牌，确定了来自北京、上海、广东、大连、青岛、江苏、浙江等七省市的 9 所首批试点学校。

为了进一步建设数字媒体技术应用专业，在教育部职成教司的指导下、在高等教育出版社的积极推动下，与实地考察工作同时进行的专业教材编写经历了半年多的研讨、策划和反复修改，终于完稿。同时，为了后续培养双师型骨干教师和双证型专业学生，我们还搭建了一个作品展示、活动发布及测试考评的网站平台——数字教育网 www.digitaledu.org。随着专业建设工作的开展，我们还会展开一系列数字媒体技术应用专业各课程的认证考评，颁发认证证书，证书分为师资考评和学生专业技能认证两种，以利于进一步满足师生对专业学习和技能提升的要求。

我们非常感谢各界的支持和有关参与人员的辛勤工作。感谢教育部职成教司领导给予的关怀和指导；感谢上海市、广州市、大连市、青岛市和江苏省等省市教育厅（局）、职成处的领导介绍当地职业教育发展状况并推荐考察学校；感谢首批试点学校校长和老师们切实的支持。同时，要感谢教育部新闻办、中国教育报、中国教育电视台等媒体朋友们的支持；感谢高等教育出版社同仁们的帮助并敬佩编辑们的专业精神；感谢 Adobe 公司、Autodesk 公司和汉王科技公司给予的大力支持。

我还要感谢一直在我身边，为数字媒体专业建设给予很多建议、鼓励和帮助的朋友和同事们。感谢著名画家庞邦本先生、北京师范大学北京京师文化创意产业研究院执行院长肖永亮先生、北京电影学院动画学院孙立军院长，他们作为专业建设和学术研究的领军人物，时刻关心着青少年的成长和教育，积极参与专业问题的探讨并且给予悉心指导，在具体工作中还给予了我本人很多鼓励。感谢资深数字视频编辑专家赵小虎对于视频编辑教材的积极帮助和具体指导；感谢好友张超峰在基于 Maya 的三维动画工作流程中给予的指导和建议；感谢好友张永江在网站平台、光盘演示程序以及考评系统程序设计中给予的大力支持；感谢康智达公司李坤鹏等全体员工付出的努力。

最后，我要感谢在我们实地考察、不断奔波的行程中，从雪花纷飞的圣诞夜和辞旧迎新的元旦，到春暖花开、夏日炎炎的时节，正是因为有了出租车司机、动车组乘务员以及飞机航班的服务人员等身边每一位帮助过我们的人，伴随我们留下了很多值得珍惜和记忆的美好时光，也促使我们将这些来自各个地方、各个方面的关爱更加积极地渗透在"数字媒体技能教学示范项目试点"的工作中。

愿我们共同的努力，能够为数字媒体技术应用专业的建设带来帮助，让老师们和同学们能够有所收获，能够为提升同学们的专业技能和拓展未来的职业生涯发挥切实有效的作用！

数字媒体技能教学示范项目试点执行人
数字媒体技术应用专业教材编写组织人
康智达数字技术（北京）有限公司总经理
贡庆庆
2011 年 6 月

读者回执表

亲爱的读者：

感谢您阅读和使用本书。读完本书以后，您是否觉得对数字媒体教学中的光影视觉设计、数字三维雕塑等有了新的认识？您是否希望和更多的人一起交流心得和创作经验？我们为数字媒体技术应用专业系列教材的使用及教学交流活动搭建了一个平台——数字教育网 www. digitaledu. org，电话：010－51668172，康智达数字技术（北京）有限公司。我们还会推出一系列的师资培训课程，请您随时留意我们的网站和相关信息。

回执可以传真至 010－51657681 或发邮件至 edu@digitaledu. org。

姓名		性别		出生日期		民族	
工作单位	（或学校名称）						
职务			学科				
电话			传真				
手机			E－mail				
地址					邮编		

1. 您最喜欢这套数字媒体技术应用专业系列中的哪一本教材？ _____
2. 您最喜欢本书中的哪一个章节？ _____
3. 贵校是否已经开设了数字媒体相关专业？□是　□否；专业名称是_____
4. 贵校数字媒体相关专业教师人数：_____数字媒体相关专业学生人数：____
5. 您是否曾经使用过电子绘画板或数位板？□是　□否；型号是_____
6. 作为学生能够经常使用电子绘画板进行数字媒体创作吗？□是　□否
7. 贵校是否曾经开设过与 Adobe 公司相关软件的课程？□是　□否；开设的内容与如下软件相关：□Photoshop　□Illustrator　□InDesign　□Flash　□Dreamweaver □Flash ActionScript　□Premiere　□After Effects　□Audition
8. 贵校是否曾经开设过与 Autodesk 公司相关软件的课程？□是　□否；开设的内容与如下软件相关：□Maya　□3ds Max　□Mudbox　□Smoke　□Flame
9. 贵校在数字媒体课程中有可能先开设哪些课程？
□数字媒体技术基础　□光影视觉设计　□数字插画与排版　□二维动画制作
□互动媒体制作　　　□数字视频编辑　□数字影像合成　　□三维可视化制作
□三维动画基础入门　□数字三维雕塑　□数字后期特效
10. 贵校有相关数字媒体、动画、漫画、摄影、游戏设计等学生社团吗？□有 □无
社团的名称是_____
11. 您最希望参加何种类型的培训学习或活动？
培训学习：□讲座　□短期培训（1周以内）　□长期培训（3周左右）
活动：□数字媒体相关作品大赛　□数字媒体相关作品的媒体发布　□专业的高级研讨会
12. 您对我们的工作有何建议或意见？

郑重声明

高等教育出版社依法对本书享有专有出版权。任何未经许可的复制、销售行为均违反《中华人民共和国著作权法》，其行为人将承担相应的民事责任和行政责任；构成犯罪的，将被依法追究刑事责任。为了维护市场秩序，保护读者的合法权益，避免读者误用盗版书造成不良后果，我社将配合行政执法部门和司法机关对违法犯罪的单位和个人进行严厉打击。社会各界人士如发现上述侵权行为，希望及时举报，本社将奖励举报有功人员。

反盗版举报电话　（010）58581897　58582371　58581879
反盗版举报传真　（010）82086060
反盗版举报邮箱　dd@hep.com.cn
通信地址　北京市西城区德外大街 4 号　高等教育出版社法务部
邮政编码　100120

短信防伪说明

本图书采用出版物短信防伪系统，用户购书后刮开封底防伪密码涂层，将 16 位防伪密码发送短信至 106695881280，免费查询所购图书真伪，同时您将有机会参加鼓励使用正版图书的抽奖活动，赢取各类奖项，详情请查询中国扫黄打非网（http://www.shdf.gov.cn）。

反盗版短信举报

编辑短信"JB，图书名称，出版社，购买地点"发送至 10669588128

短信防伪客服电话

（010）58582300

学习卡账号使用说明

本书所附防伪标兼有学习卡功能，登录"http://sve.hep.com.cn"或"http://sv.hep.com.cn"进入高等教育出版社中职网站，可了解中职教学动态、教材信息等；按如下方法注册后，可进行网上学习及教学资源下载：

（1）在中职网站首页选择相关专业课程教学资源网，点击后进入。

（2）在专业课程教学资源网页面上"我的学习中心"中，使用个人邮箱注册账号，并完成注册验证。

（3）注册成功后，邮箱地址即为登录账号。

学生：登录后点击"学生充值"，用本书封底上的防伪明码和密码进行充值，可在一定时间内获得相应课程学习权限与积分。学生可上网学习、下载资源和提问等。

中职教师：通过收集 5 个防伪明码和密码，登录后点击"申请教师"→"升级成为中职计算机课程教师"，填写相关信息，升级成为教师会员，可在一定时间内获得授课教案、教学演示文稿、教学素材等相关教学资源。

使用本学习卡账号如有任何问题，请发邮件至："4a_admin_zz@pub.hep.cn"。